U0505375

未来哲学系列

未来的启思

孙周兴 著

上海人民出版社

目　录

第二章

尼采与未来哲学的规定

.... 43

第三章

海德格尔与未来哲学方向

.... 92

　　本书主要讨论卡尔·马克思、弗里德里希·尼采、马丁·海德格尔三位现代德国大哲指向未来的哲思，故立名为《未来的启思》。所谓"启思"，差不多可以对应于海德格尔使用的德语动名词 Erdenken，其字面意义为"去思想"或"开启思想"；如果要译成英文，大概只可能译作 open-thinking 了。但显然，汉语"启思"一词的含义是更为丰富和更具弹性的，它既意味着"思之启动"，又可意味着"开放之思"，也可意味着"开端之思"——中文之美好，可见一斑。

1

虽然在康德那里也有"未来形而上学"之说，或者在别处也会有类似于"未来哲学"的说辞，但第一个严肃提出后唯心主义/观念论意义上的"未来哲学"的哲学家，却是费尔巴哈。费尔巴哈于1843年出版了《未来哲学原理》一书。在该书的引言中，费尔巴哈直接为"未来哲学"下达了一项任务，"就是将哲学从'僵死的精神'境界重新引导到有血有肉的、活生生的精神境界，使它从美满的神圣的虚幻的精神乐园下降到多灾多难的现实人间"[1]。费尔巴哈所谓"僵死的精神"主要指基督教神学，因此他的未来哲学的任务也就是"将神学转变为人本学"，或者说，把神学转变为"人的哲学"或"人类学"。

---

1. 费尔巴哈:《未来哲学原理》，洪谦译，商务印书馆，2022年，第1页。

现在我们看到，费尔巴哈对当代哲学和艺术的刺激是巨大的。在哲学上，马克思于次年写成《1844年经济学哲学手稿》，形成了他有关技术工业和人类生活世界的基本观点，并且对欧洲近代唯心主义或观念论传统做了一种我所谓的"人类学—技术哲学"的转换。这种转换的背景显然是费尔巴哈哲学。几年之后，马克思、恩格斯在《共产党宣言》（1848）中更是明确提出了一个费尔巴哈式的断言，即由传统哲学构造的稳固之物和由基督教神学构造的神圣秩序的破灭，并且设想了一个未来社会形态，即共产主义社会。在艺术上，音乐—戏剧大师理查德·瓦格纳成了费尔巴哈的"粉丝"（当然他也是叔本华的追随者），提出"未来艺术作品"和"总体艺术作品"的艺术—哲学理想。

　　这是未来哲学的起源之地。在技术工业

启动不久的 19 世纪中期，费尔巴哈、马克思、瓦格纳，等等，这些先知先觉的哲人和艺人就已经敏锐地洞察到了一个文明大变局，即自然人类文明及其精神表达系统的颓败，以及技术统治时代新文明的形成。要知道当年还只是大机器生产时代，电气工业尚未到来，欧洲社会生活的宗教色彩尚未消退，这些先知人物却已经达到了清醒的现实主义境界，开始了未来之预感和预言。

就 19 世纪中后期的艺术与哲学而言，未来哲学的集大成者无疑是尼采。早期尼采跟随和模仿瓦格纳大师，以《悲剧的诞生》一书响应瓦格纳所谓"通过艺术重振神话"的号召，但也把思考的重点置于当代，认为以瓦格纳为代表的艺术和以叔本华为代表的哲学已经意味着一种全新文化的开端；而在后期哲学中，尼采一方面更直截了当地提出虚无主义断言，另一方面又以权力意志和永恒轮回之说重建形而上学。尼采此时直接启用了"未来哲学"之名，屡屡想以此命名自己构想的新哲学，一种后哲学（非科学）—后宗教（超善恶）的哲思。虽然尼采后期形而上学走向了极端主体主义境地，但在许多点位上，尼采触及了未来哲学的根本问题。

尼采之后的技术工业走上了快速道，是为第二次工业革命。20世纪初，受技术工业的成果的刺激，人们对未来的关切达到了又一个高潮，特别表现在当时的未来主义文艺思潮中。自诗人马利内蒂1909年发表《未来主义宣言》以来，这股思潮席卷了绘画、雕塑、音乐、戏剧、电影、建筑等诸多领域，直至1944年马利内蒂去世而告结束。未来主义者在哲学上受到尼采和柏格森的影响，反对传统文明，否定既有价值。他们的一些说法十分狂热，比如："我们不想了解过去那一套，我们是年轻的、强壮的未来主义者！"[1]与19世纪中期的艺术家和哲学家不同，未来主义者热情地歌颂技术工业和机械时代，在美学主张上夸大了尼采式的极端主体主义。无论如何，在未来关怀或者未来哲学的路线上，未来主义思潮都是一股逆流，未来主义者的技术狂热和极端主义立场最终导致他们走向法西斯主义，好多战死沙场。

与不免轻佻，甚至虚妄的未来主义文艺思潮相比，同样在20世纪上半叶出现的现象学却是一股卓有成效的、相当稳重的哲学思潮。现象学是技术人类生活世界的新哲学，它既为未来哲学扫清了观念上的障碍，也为

---

1. 马利内蒂：《未来主义宣言》，https://www.douban.com/note/770487727/?_i=0370230RSsA0SJ。

未来哲学提供了方法上的准备。胡塞尔提出的现象学原则——"面向实事本身"——虽然含义并不简单，但其字面含义终究是传达了一种直面当下的务实姿态。在传统抽象理论批判、意向性意识分析、生活世界经验重建等多个维面，胡塞尔现象学都展示出一种与传统哲学切割之后重新开始的未来哲学新气象。

现象学影响之广之久令人惊叹，我们在这里无力全面展开讨论，而只提示一下海德格尔的思想进展。正是在胡塞尔的推动下，海德格尔在前期哲学中形成了系统化的现象学方法，即"还原—解构—建构"三位一体的思想策略，并且付诸行动，撰写了《存在与时间》这部现象学哲学名著，在其中建构了一种以关联性为特质的新世界观，和以"可能性""未来性"为指向的此在实存论。

而在后期思想中，海德格尔试图更彻底地摆脱传统哲学，以后哲学的思想方式尝试对技术文明的全面诊断和对新生命世界经验的重建。

凡此种种，费尔巴哈、马克思、尼采、海德格尔等哲人哲思，构成未来哲学的准备性步骤。第二次世界大战以后，海德格尔还在世，而技术工业开始加速进入信息时代。虽然海德格尔并未经历真正的数字技术（他死于 1976 年），但他已经预感到，技术的"集置"作用将作用于人类自身，人类身心是技术最后的"对象"。这时候，马克思当年所谓"人的科学"的时代到了。

第一章

马克思的技术批判与未来社会[1]

尽管有过种种历史性的误解和遮

---

1. 本文系作者 2018 年 10 月 13 日在武汉大学主办的"教育部长江学者论坛"上的演讲，原标题为《马克思的技术批判与未来文明方向》。后据演讲稿补充，以《马克思与技术哲学》为题，于 2019 年 4 月 16 日下午在厦门大学马克思主义学院演讲。本次发表时又做了进一步修改，仍保留演讲风格。载《学术月刊》，2019 年第 6 期。演讲稿有如下开场白：

虽然我曾经以马克思主义哲学为专业，但已经差不多有 30 年没有研读和讨论马克思哲学了。这次斗胆想来谈谈马克思哲学，但在准备过程中迟疑了好几天，不知从何下手。我知道这是典型的门外心态。想到在我几年前关于尼（转下页）

1

蔽，马克思哲学及马克思主义哲学仍然属于现代/当代世界最强有力的哲学思潮。这种持久而强大的影响力充分表明马克思哲学具有直面当下、指向未来的内在品质。本文着眼于技术哲学，特别

（接上页）采的一次学术报告中，现场有一个学生提问：能不能请您用几句话来概括一下尼采哲学呢？我当时不知怎么答题，情急之下冒出了这样三句：1. 人生是虚无的；2. 文化是虚假的；3. 生命是刚强的。我补充说，这就是尼采哲学的"思眼"，是尼采全部哲学的根本点。但现场的学生还不肯放过我，又有人追问：那么对现代中国影响最大的马克思哲学呢？马克思哲学的"思眼"又在哪里呢？我只好同样概括了如下三句：1. 历史是生动的；2. 现实是残酷的；3. 人是要有理想的。我补充说：要说清楚这三句话，又谈何容易呀？我这样说当然不是——不只是——为了应付，更不是为了搞笑，而是一个严肃认真的想法和讲法，可以作为我今天演讲的引子。这个开场白可参看孙周兴：《三位大哲三句话》，载拙著《一只革命的手》，商务印书馆，2017年，第55页以下。

是以"现代技术与未来文明"为主题，试图探讨马克思在现代技术哲学史上的开创性意义，以及与此相关的马克思围绕"异化劳动"来开展的资本社会批判与他的技术批判之间的本质性关联，最后试图通过展望由现代技术规定的未来新文明方向，来重解马克思的共产主义理想。我认为，今天以人工智能和生物技术为核心的现代技术，正在加速推动人类身体和精神的双重技术化（非自然化），从而会在不久的将来形成一种新的人类形态和文明样式，后者将有可能接近于马克思设想和论证的未来社会理想。

马克思的技术哲学恐怕还是一个少有讨论的论题，甚至有人会起疑心：马克思那儿有一种"技术哲学"吗？马克思是一位"技术哲学家"吗？有"马克思的技术哲学"吗？当然有，而且我认为，它是跟马克思的劳动理论、资本学说和社会理想联结在一起的。本文拟从技术哲学的角度，特别是围绕我眼下特别关注的"现代技术与未来文明"主题，来讨论马克思的哲学。

本文将围绕如下三点展开：一、技术工业批判：马克思哲学的起点；二、异化劳动与资本社会批判；三、现代技术与马克思的社会理想。我的总体看法是，马克思的技术批判在现代技术哲学史上具有开创性的意义，这种意义恐怕有待进一步的发掘和确认。马克思的技术批判也是他围绕异化劳动来展开的资本社会批判的基础；进一步，正是基于对技术工业及其文明效应的深刻洞察和探究，马克思才可能形成他关于未来社会和文明形态的预见和预言。我们今天不得不承认，马克思哲学是有未来性的，马克思之后的世界文明进程，总体上是按照他的预言展开和演进的；他关于以"生产力高度发展"和"普遍交往"为基本前提的共产主义社会理想，是合乎技术人类文明的进程的，也终将得到印证，因为我们分明已经看到，今天以人工智能和生物技术为核心的现代技术，正在加速推动人类身体和精神的双重技术化（非自然化），从而在不久的将来形成一种新的人类形态和文明样式，后者将有可能接近于马克思提出来的未来社会理想。

一、技术工业批判：马克思哲学的起点

众所周知，马克思第一次完成了对资本主义商业社会的系统批判，这种批判工作的伟大成果就是他的皇皇巨著《资本论》（1867—

1894）。时至今日，人们习惯于认为马克思的《资本论》是一部政治经济学著作，这当然是题中之义，因为该书的副标题确实就是"政治经济学批判"；人们也主要在历史唯物主义的意义上把《资本论》视为一部哲学著作，这自然也不会有错。不过，在我看来，《资本论》——不光是《资本论》，一般地讲就是马克思毕生从事的资本社会批判——首先包含着一种技术批判，或者可以说包含着一种技术哲学。而且在我看来，正是这一点使得马克思始于《1844年经济学哲学手稿》，在《资本论》中得以完成和系统化的资本社会批判，具有了某种哲学性的深度和指向未来的力量。

毫无疑问，马克思首先洞察到了技术对于资本主义生产方式的决定性意义，他在《资本论》中明确地断言："各种经济时代的区别，不在于生产什么，而在于怎样生产，用什么劳动资料生产。"[1]马克思这里所谓"怎样生产"的问题关乎技术，因为正是技术决定了物质生产方式。我们知道，马克思所处的时代正是大机器工业化生产蓬勃发展之际，特别是18世纪后期蒸汽机的发明，让人们发现能量不仅可以转换，而且可以贮存和运输，这就为大机器工业化生产提供了基础，从而预示着一个全新世界的到来。马克思敏锐地感受到了一个新的技术工业时代的来临，史无前例地开始关注当时以大机器工业为标志的技术生产及其效应。所以，正如以色列当代历史学家尤瓦尔·赫拉利（Yuval Noah Harari）指出的那样，马克思等人"了解新的科技现实及人类的新体验，因此能够针对

---

1. 马克思：《资本论》，中国社会科学出版社，1983年，第168页。

工业社会的新问题提出切中要点的答案，也能提出原创的想法，告诉众人如何从前所未有的机会中得利"[1]。

在《1844年经济学哲学手稿》中，马克思的思考和说法看起来是更具哲学性的，他指出：工业的历史和工业的已经产生的对象性的存在，是"一本打开了的关于人的本质力量的书"，是"感性地摆在我们面前的人的心理学"。[2] 而最能

---

1. 赫拉利：《未来简史》，林俊宏译，中信出版社，2017年，第245页。赫拉利认为，马克思的划时代的意义在于："在马克思之前，人们定义和区分彼此的标准是对上帝的看法，而不是生产方式。在马克思之后，比起灵魂和来世的辩论，科技与经济结构问题更为重要，造成的分裂也更加严重。"参看赫拉利：《未来简史》，第246页。作为一个风行全球的畅销书作者，赫拉利的一些观点和表述固然未必可靠，未必经过了有效的论证，他关于马克思的上述判断却是大体公允的。
2. 马克思、恩格斯：《马克思恩格斯全集》第42卷，人民出版社，1979年，第127页。

传达马克思的技术哲学基本思想的，是下面这段被反复引用的堪称经典的表述：

> 自然科学却通过工业日益在实践上进入人的生活，改造人的生活，并为人的解放作准备，尽管它不得不直接地完成非人化。工业是自然界同人之间，因而也是自然科学同人之间的现实的历史关系。因此，如果把工业看成人的本质力量的公开的展示，那么，自然界的人的本质，或者人的自然的本质，也就可以理解了；因此，自然科学将失去它的抽象物质的或者不如说是唯心主义的方向，并且将成为人的科学的基础，正像它现在已经——尽管以异化的形式——成了真正人的生活的基础一样；至于说生活有它的一种基础，科学有它的另一

种基础——这根本就是谎言。在人类历史中即在人类社会的产生过程中形成的自然界是人的现实的自然界；因此，通过工业——尽管以异化的形式——形成的自然界，是真正的、人类学的自然界。[1]

马克思在此表达了他关于科学（科技）、工业与人类生活世界的基本观点，更是实现了对欧洲近代唯心主义（主体性哲学）的一个批判性转换——我愿意称之为"人类学—技术哲学的"转换。我们知道，自笛卡尔以"我思故我在"确立了"自我—主体"（Ich-Subjekt）以后，欧洲近代哲学在康德那里终于完成了一种"对象性思维"及相应的一个

---

1. 马克思、恩格斯：《马克思恩格斯全集》第42卷，第128页。

"对象世界"（所谓"现象界"）的建立，事物的存在不再被把握为事物本身的"自在的"（an sich）结构（如实体—属性、形式—质料结构），而是被规定为"为我的"（für mich）"被表象性"（Vorgestelltheit）即"对象性"（Gegenständlichkeit），于是古典的自然世界被把握为——被转换为——"对象世界"，而这个对象世界进而被数学化—抽象化，成为一个"形式—数理"的抽象世界。[1]

马克思看到了对象性思维和这个对象世界的确立，但他同时明确地反对近代唯心主义传统，认为唯心主义没有认识到现实生活世界的变化，在他看来，自然科学已经通过技术工业进入人类生活，成为人类生活世界

---

1. 关于此点，可参看孙周兴：《人类世的哲学》第四编第一章"模仿之学、数之学与未来之学"，商务印书馆，2020年。

的新基础，这就是他明确表述的，"自然科学将失去它的抽象物质的或者不如说是唯心主义的方向，并且将成为人的科学的基础，正像它现在已经——尽管以异化的形式——成了真正人的生活的基础一样"。由技术工业规定的自然界，是"真正的、人类学的自然界"，马克思的这个观点甚至带有现象学的意义，近乎一种现象学存在学的规定。以我的说法，马克思在此已经洞察到了技术工业的改造作用，就是把"自然人类生活世界"改造为"技术人类生活世界"[1]。也正因

---

1. 马克思在工人劳动条件的改变中看到了技术的决定性意义，即对人类生活世界的改造和颠倒作用："在工场手工业和手工业中，是工人利用工具，在工厂中，是工人服侍机器。……在一切资本主义生产中，不是工人支配劳动条件，而是劳动条件支配工人。但是，只有机器才第一次使这种颠倒具有技术上的现实性。"参看马克思：《资本论》，第427页。

此，如果我们仅仅在认识论（知识论）层面上理解马克思哲学，以为这种哲学还停留在认识论的主体—客体之对象性关系的层面上，那我们就难免把马克思和马克思哲学降低和矮化了，因为我们把马克思哲学又回置到欧洲近代唯心论和知识论传统里了——这显然是深受原苏联意识形态影响的中国马克思主义哲学研究和教育中的一个重大误区。[1]

生活世界的巨变必然带来生活世界经验的变化和重构，特别是其中的时空经验的变迁。马克思敏锐地意识到了在一个新的生活

---

1. 一般而言，在思想史—哲学史解释中一直都有厚古薄今还是以今解古的立场之争，这根本上是一个定向问题：是缅怀和美化过去还是直面当下和指向未来？克罗齐所谓"所有历史都是当代史"至少道出了一点：厚古薄今是一种有失公正的、容易错乱的立场。

世界中人类时空经验的转换和重置，提出了自己的时空观。马克思关于时间的说法是："时间实际上是人的积极存在，它不仅是人的生命的尺度，而且是人的发展的空间。"[1] 而关于空间，马克思给出的一个著名规定是："空间是一切生产和一切人类活动的要素。"[2] 这是马克思从人类生命和人类活动的角度对时间和空间的全新理解，完全不同于传统哲学和科学的时空观。

我们知道，在马克思之前，欧洲近代史上有两种典型的时空观。一是牛顿的绝对时空观，时间被认为具有与物质运动无关的绝对均匀流逝的纯粹持续性，而空间被视为与

---

1. 马克思、恩格斯：《马克思恩格斯全集》第 47 卷，人民出版社，1979 年，第 532 页。
2. 马克思：《资本论》第 3 卷，人民出版社，2004 年，第 875 页。

物质脱离的、永远不变的绝对虚空，即抽象的三维空间。这是经典物理学的时空观，今天已经成为全球人类普遍的时空经验，它被海德格尔称为"技术—物理的时空观"。二是康德的先验时空观，时间和空间被内化了，被视为认识主体先天的感性直观形式，是人类作为观察者设计的框架，与此相联系的是两门基础性的形式科学，即算术和几何学。今天我们可以看到，无论是近代经典物理学的时空观还是康德哲学的时空观，显然都脱离了生活世界的生发过程和实际经验。与之相反，马克思却前所未有地把时间看作"人的生命的尺度"和"人的发展的空间"，把空间看作"一切生产和一切人类活动的要素"，可谓意味深长，在哲学史上是前所未有的——也许值得遗憾的是，马克思的思考兴趣和重点不在纯哲学上，未及深化他在时空问题上的天才般的洞见。[1]

　　进一步，马克思指出，资本主义生产方式是要以时间消灭空间。在《资本论》手稿中，马克思说："资本按其本性来说，力求超越一切空间界限。因此，创造交换的物质条件——通讯运输工具——对资本来说是极其必要的：用时间去消灭空间。"[2]在另一处，马克思又做了类似的更具体的表述："资本一方面要力求摧毁交往即交换的一切地方限制，夺得整个地球作为它的市场，另一方面，它又力求用时间去消灭空间，就是说，把商品从一个地方转移到另一个地方所花费的时间

---

1. 有关现代时空经验（特别是时空经验）的转换，可参看《人类世的哲学》第三编第二章"圆性时间与实性空间"。
2. 马克思、恩格斯：《马克思恩格斯全集》第 46 卷下册，人民出版社，1979 年，第 16 页。

缩减到最低限度。资本越发展，从而资本借以流通的市场，构成资本空间流通道路的市场越扩大，资本同时也就越是力求在空间上更加扩大市场，力求用时间去更多地消灭空间。"[1] 这是马克思在 1857 年讲的话，我们可以把它理解为空间理解的转向和空间生产问题的出现。

在上引《1844 年经济学哲学手稿》的相关上下文中，马克思还表达了一些直观性的思想，诸如所谓"感性必须是一切科学的基础"，"自然科学往后将包括关于人的科学，正像关于人的科学包括自然科学一样，这将是一门科学"；[2] 又比如所谓"思维本身的要

---

1. 马克思、恩格斯：《马克思恩格斯全集》第 46 卷下册，第 33 页。
2. 马克思、恩格斯：《马克思恩格斯全集》第 42 卷，第 128 页。

素，思想的生命表现的要素，即语言，是感性的自然界。自然界的社会的现实，和人的自然科学或关于人的自然科学，是同一个说法"。[1] 马克思的此类见解和观点虽然未见系统的和具体的论证，却是极具洞察力的，有些见解和观点的意义要到 20 世纪，甚至 21 世纪方能完全显现出来。

二、异化劳动与资本社会批判

现在我们经常愿意把传统形而上学批判的主要贡献归于尼采，因为后者以"上帝死了"这个骇人的口号宣告了欧洲传统哲学和宗教的崩溃及虚无主义时代的到来，以我的

---

1. 马克思、恩格斯：《马克思恩格斯全集》第 42 卷，第 129 页。

理解，实即自然人类文明的基本精神表达方式的衰落和精神表达体系的消解。但在更早些时候，费尔巴哈已经开始了基督教批判，马克思已经开启了传统柏拉图主义或唯心主义批判。马克思有言："真理的彼岸世界消逝以后，历史的任务就是确立此岸世界的真理。人的自我异化的神圣形象被揭穿以后，揭露具有非神圣形象的自我异化，就成了为历史服务的哲学的迫切任务。于是，对天国的批判变成对尘世的批判，对宗教的批判变成对法的批判，对神学的批判变成对政治的批判。"[1] 我们没有找到任何文本证据，表明尼采读到过马克思的这段话，如果尼采读过，我们相信他必定会把马克思引为同道，甚至把

1. 马克思：《〈黑格尔法哲学批判〉导言》，《马克思恩格斯选集》第 1 卷，人民出版社，1972 年，第 2 页。

马克思视为自己思想的先行导师。[1]

马克思完成了从彼岸到此岸、从超感性到感性的哲学转向，这种转向具有革命性的意义。马克思把"对尘世的批判"落实为资本社会批判，首次试图揭示资本主义生产方式及社会运行的逻辑。早在《1844年经济学哲学手稿》中，马克思就从"资本""劳动""地租"三个基本概念入手来分析和探讨资本社会机制，发现资本社会的基本特征是异化劳动，而异化劳动的根源就在于资本占有劳动，就在于私有制。"私有财产只有发展到最后的、最高的阶段，它的这个秘密才重新暴露出来，私有财产一方面是外化劳动的产物，另一方面又是劳动借以外化的手段，

---

1. 我们甚至没有发现任何文献证据，可以表明尼采关注过马克思。这事颇可惊奇。

是这一外化的实现。"[1] 马克思认为，在资本主义私有制状态下，异化劳动具有多样的表现形式，诸如：劳动者与劳动产品相异化，劳动者与劳动本身相异化，人的类本质与人相异化，人与人的关系相异化。[2]

我们应该看到，无论是私有财产还是它的后果异化劳动，马克思都没有给予完全消极的和否定性的指控，相反，马克思指出："只有通过发达的工业，也就是以私有财产为中介，人的激情的本体论性质才能在总体上、

---

1. 马克思、恩格斯：《马克思恩格斯全集》第42卷，第100页。
2. 西美尔：《货币哲学》，陈戎女、耿开君、文聘元译，华夏出版社，2002年，第16页。故西美尔的"物化"理论可与马克思的"异化"理论相参照（比如卢卡奇发现两者的关联），但两者的解决办法完全不同：西美尔主张无法从根本上解决客观文化与主观文化的冲突；而马克思则主张通过制度变革来克服"异化"病症。

合乎人性地实现；因此，关于人的科学本身是人在实践上的自我实现的产物。""如果撇开私有财产的异化，那么，私有财产的意义就在于本质的对象——既作为享受的对象，又作为活动的对象——对人的存在。"[1]

马克思理解了工业—商业社会新型权力关系的核心，那就是资本，也就是货币。市场交换表面上的平等性掩盖了这种由资本或者货币决定的支配与被支配的权力关系。"货币，因为具有购买一切东西、占有一切对象的特性，所以是最突出的对象。货币的这种特性的普遍性是货币的本质的万能，所以它被当成万能之物。"[2]马克思引用了莎士比亚在《雅典的泰门》中的著名说法：货币既是"有

---

1. 2. 马克思、恩格斯：《马克思恩格斯全集》第42卷，第150页。

形的神明"，又是"人尽可夫的娼妇"。作为"有形的神明"，货币"使一切人的和自然的特性变成它们的对立物，使事物普遍混淆和颠倒"；而作为"人尽可夫的娼妇"，货币"是人们和各民族的普遍牵线人"。[1] 这里的"神明"与"娼妇"并不构成对立两极，而是在消极意义上表征货币的暴力性和普遍性。

马克思之后，在"货币哲学"思考方面走得更深远的，恐怕是德国社会学家和哲学家格奥尔格·西美尔（Georg Simmel，1858—1918），其货币哲学完全可与马克思哲学相对照，可以说是对后者的一种发展。在西美尔看来，"货币作为一般的存在形式的物质化（Substantierung），依据之事物从它

---

1. 马克思、恩格斯：《马克思恩格斯全集》第42卷，第153页。

们彼此的相互关系中找到了其意义"。[1] 货币在最纯粹的形式上代表着纯粹的交互作用，"货币就成为人与世界关系的充分表达"。[2] 在此意义上，西美尔试图发展一种把货币当作"人类社会中的经验之中介"的现象学。

西美尔的货币哲学大致有如下几个要点：首先，货币本身成为功能。货币本来具有实物与功能双重本性，但在现代社会中，货币的功能化倾向越来越扩大，货币的实物性已经渐趋削弱，到今天的互联网金融和虚拟货币时代，货币的实物性马上要彻底消失了——货币本身就是功能了。这个意思当然不难理解，我们甚至可以说人类货币史差不多是一种"虚拟化的历史"，比如以黄金为代表的金属货币是对实

1. 西美尔：《货币哲学》，第 64 页。
2. 西美尔：《货币哲学》，第 65 页。

物的虚拟化，纸币是对金属货币的虚拟化，而今天的网上交易系统和虚拟货币则是对纸币的虚拟化，总之是越来越虚化。其次，货币的量化和平均化特性。按西美尔的说法，货币是"一切价值的公分母"。货币把一切价值都量化了，都耖平了。在此意义上可以说，货币最直接而有效地实现了社会价值平等的诉求。第三，货币是绝对的手段，也成为绝对的目的。现代生活中，神性—形而上学性消退之后，以货币为象征的工商主义精神占据了统治地位。货币成了现代社会的宗教——这也就是马克思所批判的"拜物教"。

西美尔围绕货币展开的关于"物化、客观化、异化"的讨论看起来似乎要比马克思更冷静和更客观一些，毕竟两者所处的时代已经不同了，两者的哲学背景也全然不同。一方面，马克思所处的时代更多的是资本主义原始积累阶段，资本的嗜血性和残酷性是当时的最大现实，面对被剥夺的劳动者的悲惨处境，马克思所做的资本批判和货币分析多少带有某种情绪色彩，这原是可以理解的；而西美尔则处身于资本主义全球化和技术工业电气化的新时期，情境已经有了很大的变化。另一方面，两者的哲学立场也是大相径庭的，如果说马克思的哲学是以对德国古典唯心主义和费尔巴哈唯物主义的改造为前提的，那么，西美尔则更多的是以叔本华和尼采的意志哲学为基础的。

西美尔也谈"物化"，他认为物化和客观化是文化成熟的标志，意味着人类劳动和知识等超越了个体的人的局限，比如说经济价值使主观价值客观化，而金钱就是经济价值最物化、最客观化的载体；又比如财产更替方式，前资本时代的财产更替无非有两种方式，一是抢劫（包括偷盗），二是赠送，两者都没有客观的道理和规则可言，而现代资本社会的财产转移的方式变成了交易（交换），后者更需要规则和制度。很显然，交换比抢劫和赠送更客观化，也更文明。[1] 所以，客观化程度意味着文明发达的程度。[2] 货币一方面使人与人的关系客观化了，从而保证了个人自由。但另一方面，物极必反，现代文化的

---

1. 2018年12月中旬发生了一件有趣的事：著名学者李泽厚撰文纪念刚刚去世的著名武侠小说家金庸，说自己在上个世纪90年代初在香港接受金庸宴请，金庸欲赠予5000美元而被自己拒绝，因觉得金庸出手小气了，云云。此文刊出后引起热议，对李泽厚的指责居多。这就充分印证了西美尔的说法：赠送是比交易更不文明的财产转换方式。

2. 西美尔：《货币哲学》，第11页，译者前言。货币承载和关联着千差万别的事物和社会阶层，使它们日趋平均化，从而导致社会文化价值的量化、世俗化和理性化；同时，货币又最大程度地保持和促进了个人自由和个体性的发展，经济—文化上的个人主义、自由主义是与货币经济的兴起和发展齐头并进的。

极端物化和客观化又对精神生活／主观世界构成伤害和威胁。西美尔说，商人赚钱后仿佛自由了，但常常会处于食利者那种厌倦无聊、生活毫无目的、内心烦躁不安的状态，于是只好竭力使自己忙碌起来，终于沦为一架赚钱机器。总而言之，"因为货币所能提供的自由只是一种潜在的、形式化的、消极的自由，牺牲掉生活的积极内容来换钱，暗示着出卖个人价值"。[1]

　　与马克思一样，西美尔也看到了货币社会的技术本质和与此相关的人的异化状态的必然性。在西美尔看来，现代技术的优势地位是以近代哲学的理性主义为前提的，而同

---

1. 西美尔：《货币哲学》，第 320 页。西美尔洞察到生命与形式之冲突无法融通，他对金钱文化的批判明显带有审美主义倾向，其基调完全是叔本华式的悲观主义逻辑。

时，理性主义本身也是技术优势的表现形式，可以说，理性主义统治地位既是技术优势的原因，又是它的后果；然而，技术优势也罢，理性意识的统治地位也罢，两者都可以被用来表征一种精神异化，即技术时代人类越来越疏离于自身存在的完整意义。西美尔指出："灵魂的精神性和专心镇静在自然科技时代喧嚣的辉煌中麻木了，造成了紧张和茫然地追求的某种模糊感的恶果，造成了一种感觉，即离我们的存在的完整意义如此遥不可及，以至于我们无法锁定存在的完整意义，处于不断地远离它而非靠近它的危险之中……"[1]

马克思把人类社会的生产方式区分为亚细亚的、古代的、封建的和资本主义的，但主要还是把自然经济与资本主义经济区别开

---

1. 西美尔：《货币哲学》，第 394 页。

来了。马克思认为，自然经济就是满足自给性消费的生产，自然经济的瓦解与资本主义生产方式的产生有两个条件：其一是有雇佣劳动者（工人），他们失去了生产资料，只能出卖劳动力；其二是原始积累，也就是有了大规模企业生产的货币财富积累。但这两个条件的根本动因仍旧在商品流通和商业发展，也即商业市场的形成，而其中核心的推动力还是技术工业。因为对于资本主义的生产方式的决定性意义，技术必致劳动异化，所以也可说，技术工业带来了异化。

马克思看到了一个技术—资本主导的新时代的到来，对资本社会的基本逻辑做了深入的分析和讨论，他围绕异化劳动来开展的资本社会批判与他的技术批判之间有着本质性的关联，并且他预见了一个以生产力的高度发展和人类普遍交往为前提的全球化进程的远景，他赋予这个社会远景一种所谓共产主义的理想。这些都是马克思哲学的历史性贡献。在他身后，社会历史发生了各种各样的变化，包括剩余价值理论、无产阶级理论、物质决定意识等在内的马克思理论受到了不同程度的质疑，而最大的责难或许在于，马克思对人类社会和人类历史做了一种总体主义／整体主义的思考，在这种宏大思考中，个体自由无法得到确认，个体权利无法得到保障——这是后世的实存主义（存在主义）者和自由主义者最容易提出来的一个指控。

三、现代技术与马克思的社会理想

人要获得自由和解放，就必须扬弃异化劳动，使劳动从资本的奴役中解放出来。这就是马克思的共产主义理想。

共产主义是私有财产即人的自我异化的积极的扬弃，因而是通过人并且为了人而对人的本质的真正占有；因此，它是人向自身、向社会的（即人的）人的复归，这种复归是完全的、自觉的，而且保存了以往发展的全部财富的。这种共产主义，作为完成了的自然主义，等于人道主义，而作为完成了的人道主义，等于自然主义，它是人和自然界之间、人和人之间的矛盾的真正解决，是存在和本质、对象化和自我确立、自由和必然、个体和类之间的斗争的真正解决。它是历史之谜的解答，而且知道自己就是这种解答。[1]

---

1. 马克思、恩格斯:《马克思恩格斯全集》第42卷，第120页。

这段著名的"共产主义宣言"已经为大家耳熟能详，已经得到反复的阐释和讨论，但个中深义未必是人们都能完全理解的，也不是人们能够达成共识的，比如：如何理解对"私有财产"和"异化"的"积极的扬弃"？什么叫"完成了的自然主义"和"完成了的人道主义"？又如何来理解马克思接着说的"只有在社会中，人的自然的存在对他来说才是他的人的存在，而自然界对他来说才成为人。因此，社会是人同自然界的完成了的本质的统一，是自然界的真正复活，是人的实现了的自然主义和自然界的实现了的人道主义"？[1] 所有这些都还值得我们深究。

首先我愿意认为，19世纪后期以来的人

---

1. 马克思、恩格斯：《马克思恩格斯全集》第42卷，第122页。

类生活世界的变动和人类文明的进程，尤其在物质生产和社会组织层面上，总体来说是合乎马克思在 19 世纪做的总体预言的。我们也必须指出，国际共产主义和社会主义运动的曲折和失败，并不能证明马克思的共产主义理想的虚妄；甚至社会主义革命的局部成功也并不一定能确证马克思的共产主义理想——更何况我们看到在大约一个半世纪的时间里，出现了太多假冒的马克思主义者、社会主义者，以及各种变相的理论和说辞。

在我看来，在后马克思时代的人类历史（世界历史）进程中，至少有几项重要的事实是合乎马克思当年给出的预言的：

第一，现代技术推动下的生产力高度发展。全球饥饿和贫困人口得以大幅度减少，瘟疫和流行病总的说来也得到了一定程度上的有效防治；人类寿命得以不断延长，1900

年，人类平均寿命只有39岁，现在已经超过73岁，近乎翻了一番。这完全是现代技术为人类带来的福祉，现代技术工业通过现代食物生产、现代药物和医疗体系延长了人类的自然寿命，而且有望通过生物技术（基因工程）与人工智能（机器人）的合作，在不久的将来进一步延长人类寿命，使人类进入"长生"和"永生"的轨道。光凭这一点，今天一味反技术工业者可以休矣。[1]因为在我看来，"长生"和"永生"的愿望属于人类的基本本能，是不容置疑和否定的。

第二，全人类的普遍交往。随着全球化进程的推进和完成，通过19世纪中期以来快

---

1. 如果说技术悲观主义（技术虚无主义）不可取，那么同样地，技术乐观主义（技术万能论）也是成问题的。对于现代技术，我更愿意赞同斯蒂格勒的说法：技术既是"毒药"又是"解药"。

35

速形成的以轮船海运为主体的全球物流体系，进而通过 20 世纪相继出现的飞机、广播电视和电脑网络，特别是通过 20 世纪后半叶以来的互联网，现代技术为全球人类民族与民族、国家与国家、人与人之间的普遍交往提供了物质基础，也为全球民主商谈制度的普遍化提供了可能性条件。如我们所知，马克思早就把普遍交往设为他的共产主义社会理想的基本前提之一。这个前提现在已经完全成了现实，今日人类无疑已经不再是"区域性的"人了，而是成为当年马克思所说的"世界历史性的"人。虽然反全球化或逆全球化的地方主义、种族主义的声音从未消停过，最近一些年来甚至有加强之势，但现代技术及其工业体系同样也在巩固和推进全球化进程。

第三，高福利社会的不断增加。如今在全球范围内，高福利国家越来越多，特别是在欧洲和美洲，出现了人类历史上未曾有过的高福利社会保障制度。高福利体系是在社会物质财富高度积累和现代民主制度成熟之后才可能实现的。我认为，这同样完全符合马克思关于生产力高度发展以后社会形态变化的预言。我们完全可以预期，尤其是随着人工智能技术的进展，技术工业将进一步提升人类生产力，降低人类劳动总量，从而推动全球民族国家的高福利化。

第四，区域性同盟和联合体的出现，以及全球共商政治机制的初步形成。虽然由于主权国家、主权货币的存在和民族宗教的留存，在世界范围内还时有文明冲突和种族对抗，但全球商讨的机制和规则已露端倪。首先当然是联合国的形成，成为第二次世界大战后国际关系的最大变局，对战后基本格局和国际秩序具有决定性的意义。此外，国际性的和区域性的政治、经济、军事的同盟和联合体（组织）不断出现和重组，同样具有历史性的意义。

因此，我愿意进一步猜度，马克思的社会理想将在未来得到最终印证，共产主义理想有望在不远的将来得到真正的实现。今天，以人工智能和生物技术为核心的现代技术正在加速推动人类身体和精神的双重技术化（非自然化），从而在不久的将来形成一种新的人类形态和文明样式，后者将有可能接近于马克思提出来的未来社会理想。

这方面的迹象和征兆有如下两项：

其一，今天的全球技术工业正朝着"最后的斗争"挺进，那就是越来越多的失去了劳动机会的"无用之人"——尼采所谓的"末人"？——与少数新兴技术产业资本家、技术专家和其他特权阶层之间的斗争，这场未来的"最后的斗争"将不再是为生存而斗争，而是为了劳动机会——这是马克思早已预见到的一点，同时也是马克思经常受到怀疑的地方。通过"最后的斗争"，劳动将成为生活的必需和意义，而不再是负担和折磨。

其二，随着人类体力劳动和重复劳动的被替代，也随着主要由生物技术带来的人类寿命的进一步延长，人类将在技术性意义上获得解放，但同时，随着自然人类不断被技术化（也即非自然化），人类将在自然性意义上不断被削弱和废黜，最终有望达到"自然性"与"技术性"的平衡，而这个可能的平衡状态应该就是马克思所预言的共产主义社会。到这一步，马克思所讲的"自然主义"和"人道主义"便得到了完成。

为什么马克思还活着？为什么马克思哲学依然具有现实的指引意义和规定力量？在

我看来，这是因为马克思具有天才般的未来之眼和未来之思，也因为朝向未来的马克思是一位技术哲学家，对现代技术和由技术所规定的人类文明现实具有深入的理解和思考。这在技术工业方兴未艾的19世纪中期是十分难能可贵的，毕竟在当时，传统文化势力（即我所谓的"自然人类精神表达系统"）依然占据着支配性地位，技术工业还处在发展的初级阶段，20世纪出现的飞机、电视、网络"三大件"，20世纪中期出现的核武器，以及今天正在加速推进的新技术，即人工智能和基因工程，都是马克思当年无法具体想象的，他却能对未来人类文明的总体格局和运势有大尺度的把握和预测。

当代历史学家赫拉利比较分析了世界上几个与马克思同时代的历史人物，为我们提出了一个严肃的假设性的问题：为什么到最后马克思和列宁成功了，而其他一些革命家却失败了？赫拉利回答说：个中原因当然不在于信仰之优劣，而在于"马克思和列宁更努力地理解当代的科技和经济现实，没有忙着研读古代经典或审视预言中的梦想"。根据赫拉利的描写，曾经有人希望列宁用一句话来讲清楚什么是共产主义，列宁径直答道："共产主义就是苏维埃政权加全国电气化。"[1]这个回答粗暴而有力，没有技术工业，没有电力、铁路、无线电，哪里来的共产主义？可惜后来的国际社会主义运动又被带歪了，从根本上违背了马克思的理想规定，不少号称"社会主义"的国家走向了马克思所预言的社会理想的反面，即"普遍贫困"状态，

---

1. 赫拉利：《未来简史》，第 245 页。在赫拉利看来，当技术工业新时代到来之际，复古派和宗教保守主义的失败是必然的。

有的至今未能回归正道。今天，我们又来到了一个历史的门槛上。赫拉利断言：这可能是"智人"发出的末班车，错过的人将不会有上车的机会了，就像当年未听从马克思教诲的一些民族国家。

赫拉利大概还算不上马克思主义者，他的诸多想法和说法也不乏争议，但无论赫拉利是不是站在马克思主义的立场上，无论他的诸多观点有多少可疑之处，作为一位历史学家，他的总体思路是清楚的，他对待马克思和马克思哲学的姿态是公正的，关于马克思的评价也是恰当的。我同样愿意重申：面对新技术文明和新技术世界，马克思的教诲依然有效。

第二章
尼采与未来哲学的规定[1]

　　未来哲学将是何种哲学？哲学如何取得其未来性？本文尝试从尼采晚期的"未来哲学"概念出发，对未来哲学做一种基于历史反思的展望和预感，认为未

1. 本文系作者 2017 年 12 月 16 日下午在浙江大学主办的"哲学与未来思想"工作坊的即兴讲话，事后记录成文。扩充稿于 2018 年 3 月 30 日下午在河南大学（开封）演讲。修订稿于 2019 年 6 月 26 日在香港中文大学哲学系演讲，感谢王庆节教授、张锦青教授等的参与和讨论。演讲风格仍予保留。原载《同济大学学报》，2019 年第 6 期。

来哲学具有世界性、个体性、技术性、艺术性四大特性和规定性。所谓"世界性",指未来哲学的人间—大地—生活世界性,未来哲学是一种基于境域—语境的关联性哲思;所谓"个体性",指未来哲学将接续现代实存主义/实存哲学的思想成果,以个体之思与言为己任,以个体自由的主张和维护为目标;所谓"技术性",指未来哲学将直面技术统治模式,成为一种受技术规定,又力图超越技术的命运性思考;所谓"艺术性",是未来哲学将与未来艺术在"奇异性"意义上构成共生互构的关系,未来哲学将是一种艺术化的哲思,正如未来艺术是一种哲学化的创造。

"未来哲学"这个提法出现在 19 世纪中

后期的德国，先有路德维希·费尔巴哈，后有弗里德里希·尼采，两人开始了关于未来哲学的预思和筹划；而在这两位哲学家之间，还夹着艺术大师理查德·瓦格纳，后者在1850年前后尝试提出"未来的艺术作品"的构想[1]。或问：在此时此际集中出现"未来"之思，是偶然的吗？当然不是啰。我们可以说，这是时势命运所至，当其时也，欧洲经历工业革命已有百年左右，技术工业已经初步改变了自然生活世界，资本主义的生产方式和制度体系已经基本形成，自会有先知先觉的人物敏锐地洞见时代和文明之变。今天我们看到，其实卡尔·马克思也属于

---

1. 举其要者，费尔巴哈著有《未来哲学原理》(1843)，尼采著有《善恶的彼岸——一种未来哲学的序曲》(1886)，瓦格纳著有《未来的艺术作品》(1850)。

此列[1]。

19世纪80年代后期，在《查拉图斯特拉如是说》问世之后，尼采试图建造他的形而上学哲学大厦，所谓"哲学主楼"是也，但终于未能如愿；晚期尼采除了出版了几种篇幅不大的著作之外，还留下一大堆多半语焉不详的笔记残篇（遗稿），后被辑为《权力意志》一书，这个时期的全部笔记要翻译成中文，恐怕超过了100万汉字。[2]在此运思实验中，尼采屡屡使用"未来哲学"这一概念，甚至把自己1886年出版的《善恶的彼岸》一书的副标题立为"一种未来哲学的序

---

1. 参看孙周兴：《马克思的技术批判与未来社会》，载《学术月刊》，2019年第6期；《人类世的哲学》第一编第一章。
2. 即科利版《尼采著作全集》第12、13卷，可能还得加上第11卷的后半部分。中译本参看尼采：《权力意志》，孙周兴译，商务印书馆，2010年。

曲"。尼采显然已经认识到，哲学必须调转目光，开启未来之思。曾经做过古典语文学教授的尼采，此时早已不再古典，而成了一个面向未来、以"权力意志"和"相同者的永恒轮回"为"思眼"的实存哲人。

我在《未来哲学序曲——尼采与后形而上学》一书的结语部分，专题讨论了尼采意义上的或者说由尼采开启的未来哲学构想，并且揭示了未来哲学的三重意义，即未来哲学的后哲学意义、实存论前提和技术—艺术—政治主题。[1] 我的基本意思已经在那里得到了表达。其实，我关于未来哲学的讨论可以说由来已久，主要体现在我对技术时代的人类生活的思考上面，自 20 世纪 90 年代以

---

1. 参看孙周兴:《未来哲学序曲——尼采与后形而上学》，商务印书馆，2018 年，第 277 页以下。

来陆续发表过一些文章。[1] 不过这些讨论多半是零碎的，有的属于即兴发挥，也有的甚至是随意和零碎的议论，未能形成足够严格和充分深入的思考。而通过《未来哲学序曲》一书的写作，我在这方面的想法总算获得了比较稳重的清理和推进。

关于未来哲学，我的一个大致想法是：虽然文人和人文都有怀古伤逝的情怀，都有我所谓的"乐园情节"，中西皆然，但今天我们必须看到，这是自然农耕社会和手工技术时代的文化特征和人格特性，也可被称为"自然人类文明"的精神特征，而进入现代技

---

1. 相关文章散见于孙周兴：《我们时代的思想姿态》，同济大学出版社，2009 年；及孙周兴：《一只革命的手》。作者还有直接以"未来哲学"为主题的文章，有《未来才是哲思的准星》一文，载《社会科学报》，2017 年 6 月 8 日。

术—工业—商业时代之后，这种情怀已经渐渐失落了，已经变得越来越不合时宜了，或者说，已经是不可能的了。在一个技术统治的新时代里，全球人类生活被吞并、被整合入一个技术工业网络的现实之中，与传统文明的断裂已成一个无可挽回的事实，这时候，包括哲学在内的人文科学必须对自己做出重新定向和定位。无须讳言，我这个想法当然含有针对目前国内复古思潮和古典研究热潮的意图和动机。古典学当然是一门重要的学问，以我多年以来的研究重点（尼采和海德格尔研究），我是不可能反感古典研究的，但我以为，古典研究不可成为学界主流和学术热门，普遍流行的古典理想更有可能沦为一种文人梦呓。

我今天的报告主题是：未来哲学的规定和方向。所做的议论难免与我自己此前的讨论有一些重合和重复之处。但这一回，我希望趁机将自己关于未来哲学的思考做一次尽可能系统化的表达。我想说的是，主要由尼采开启的未来哲学至少有四重可能的特性或规定性，即世界性、个体性、技术性和艺术性。这四项的意义并不是完全显赫的，且有不少歧义（比如所谓的"技术性"），故需要做一番解释。

一、晚期尼采的"未来哲学"概念

我们看到，前期和中期的尼采并未使用过"未来哲学"概念，这个概念属于《权力意志》时期的晚期尼采。在《权力意志》时期的遗稿中，尼采有一则笔记提到了"未来哲学"，它看起来是一本名为《快乐的科学》（*Gai saber*）的书的提纲，而这本书的副标题直接被设为"一种未来哲学的序曲"——如前所述，它也是《善恶的彼岸》的副标题。这则笔记共列出了五节的标题：1. 自由精神与其他哲学家。2. 世界阐释，而不是世界说明。3. 善恶的彼岸。4. 镜子。欧洲人自我反映的时机。5. 未来哲学家。[1]此时的尼采正处于激情澎湃又踌躇满志的创造时期[2]，经常会急吼吼地记下一些写作计划和草案。上面这个提纲显然只是其中的一个计划，它虽然只是一个残篇，但意蕴丰富，是足以让我们深

----

1. 尼采：《权力意志》上卷，科利版《尼采著作全集》第12卷，1［121］，孙周兴译，商务印书馆，2007年，第38—39页。有关这则笔记的解释，可参看孙周兴：《未来哲学序曲——尼采与后形而上学》结语部分，第277页以下。
2. 尼采在1888年（发疯前一年）这一年间竟写成五本书（现被辑为科利版《尼采著作全集》第6卷），令人惊叹其天才，也让人怀疑此时他的心智是否正常。

入挖掘一番的。

首先，尼采在此做了一个划界，把"自由精神"或者"自由思想家"（Freigeist）与"其他哲学家"区划开来。所谓"自由精神"，是尼采所谓的骆驼、狮子、婴孩的"精神三变"之后的创造性精神，尼采也称之为"未来哲学家的宣谕者和先行者"[1]；而"其他哲学家"则应该指传统的欧洲哲学家，即尼采所谓的"放毒者"——总是忙于虚构"另一个世界"的"柏拉图主义者"。

其次，关于"世界阐释"（Weltauslegung）与"世界说明"（Welterklärung）之间的明确区分，再次表明尼采虽然有狂野的思想气质，表达和用词却是相当审慎而准确的。如

---

1. 尼采：科利版《尼采著作全集》第 5 卷，赵千帆译，孙周兴校，商务印书馆，2015 年，第 71 页。

我们所知，"阐释"（Auslegung）[1]与"说明"（Erklärung）之争后来成为20世纪哲学人文科学的持久的争论焦点，尤其表现在狄尔泰、海德格尔和伽达默尔的阐释学哲学路线上。传统哲学和科学一直只是在"说明"自然和世界（主体是因果说明），而现在我们要的是"阐释"世界。在尼采时代已经出现了"阐释学/解释学"（Hermeneutik），阐释学家施莱尔马赫（1768—1834）明显是尼采的前辈学人，而狄尔泰（1833—1911）只比尼采早生了11年，两人差不多是同时代人。不过我们未发现尼采与阐释学和阐释学家有何关

---

1. 通常（包括我自己）译为"解释"。现在我认为，以"阐释"译Auslegung，以"诠释"译Interpretation，可能是更合适的译名选择。相应地，Hermeneutik应改译为"阐释学"。相关讨论可参看孙周兴：《试论一种总体阐释学的任务》，载《哲学研究》，2020年第4期。

联。尽管如此，今天我们不得不承认尼采的先见之明。尼采也清晰地看到了哲学和科学的"说明"方法的基本特性："把前后相继的顺序越来越清晰地展示出来，此即说明：没有更多的了！"[1]

再者，所谓"善恶的彼岸"，也许更应该译作"超善恶"。为何要"超善恶"呢？我们知道尼采自称为"非道德论者"——尼采大概是人类历史上头一个敢这样自我命名的！但尼采要反对的是"奴隶道德"，转而提倡"主人道德"，就此而言，他其实并非主张不要道德，他所谓的"超"和"非"，目标对象是宗教—道德（以宗教为依据和背景的道德），在欧洲即基督教的"奴隶道德"，这是

1. Nietzsche, *Sämtliche Werke* (KSA), Band 11, 35[52], Berlin/New York, 1988, S.536.

一种弱化生命、使人颓废和衰竭的道德。

至于"镜子",尼采赶紧补了一句,说的是"欧洲人自我反映的时机"。尼采的意思很清楚,长期以来,特别是近代以来,欧洲人形成了自以为是的"老大"心态,自视高人一等,"欧洲中心主义"甚嚣尘上,又借助技术工业开始在全球范围内不断扩展殖民统治。在这方面,尼采依然表现出先知之见,认为自负的欧洲人应该自我反省和自我批判了,这就是他所谓的"镜子"。

最后一项是总结性的"未来哲学家",以此来响应前面第一条讲的"自由精神"或"自由思想家"。

以我的理解,就义理来说,上述残篇中的中间三项是关键所在,即"阐释""超善恶"和"镜子",其中传达出来的恰好是尼采的形而上学批判的思想姿态,即"后哲学""后宗教"和"后种族主义"的立场。这是尼采关于"未来哲学"的三个前提的设定。我在拙著《未来哲学序曲》的结语中做了几点阐述[1]，这里还有必要加以重述和发挥：

第一，未来哲学首先是一种科学批判，也是一种哲学批判和宗教批判。科学批判是尼采从《悲剧的诞生》时期起就已经开始进行的一项工作，矛头指向的是当时被他叫作"苏格拉底主义""科学乐观主义"或"理论文化"的希腊知识（哲学和科学）传统，即反对以因果说明为主体的科学—理论方式，特别是后者对人类生活的日益侵占和对人文科学的全面挤压。在后来的思想中，尼采延续了这种科学批判，更把它扩展为对以哲

---

1. 参看孙周兴：《未来哲学序曲——尼采与后形而上学》，第284—285页。

学—宗教为核心的形而上学的批判。与此相关，未来哲学之思有一个批判性的前提，即对传统哲学和传统宗教的解构，尼采和后来的海德格尔都愿意把这种解构标识为"柏拉图主义批判"，在哲学上是对"理性世界"和"理论人"的质疑，在宗教上是对"神性世界"和"宗教人"的否定。[1]

第二，未来哲学是一种实存哲学。一个后哲学和后宗教的人是谁呢？是何种类型的人呢？我们知道尼采晚期提出了一对概念，即"末人"与"超人"，以此来思考后人类状况。所谓"末人"就是"最后的人"；而所谓"超人"(Übermensch)，按照尼采的说法，它的意义在于"忠实于大地"——"超人"

---

1. 值得强调指出的是，这里的"理论人"和"宗教人"都是尼采本人的词汇。

不是"天人"，实为"地人"。海德格尔曾经提出过一种解释，谓"超人"是理解了权力意志和永恒轮回的人，他的意思无非是说，尼采的"超人"是一个否弃超越性理想、直面当下感性世界、通过创造性的瞬间来追求和完成生命力量之增长的个体此在，因而是一个实存哲学意义上的人之规定。因此，未来哲学应具有一个实存哲学的出发点，这个出发点是以尼采和海德格尔为代表的欧洲现代人文哲学为今天的和未来的思想准备好的。

第三，未来哲学还具有一个非种族中心主义的前提。这就是说，未来哲学是世界性的，而不是种族主义的和地方主义的。由尼采们发起的主流哲学传统批判已经宣告了欧洲中心主义的破产，扩大而言，则是种族中心主义的破产。在黑格尔式的欧洲中心主义者的眼中，是没有异类的非欧民族文化的地位的，也不可能真正构成多元文化的切实沟通和交往。然而在尼采之后，形势大变。尤其是20世纪初兴起的现象学哲学运动，开启了一道基于境域—世界论的意义构成的思想视野，以及区别于传统超越性思维的关联性思想方式，这就为未来哲学赢得了一个可能性基础和指引性方向。我们认为，未来哲学的世界性并不是空泛无度的全球意识，而是指向人类未来的既具身又超越的境域论。

以上是我们对尼采晚期一则笔记的讨论。我们从中引出的关于未来哲学的想法具有猜度和重构的性质。尼采本人也许还没想得这么多、这么远，但他的思想中显然已经蕴含了未来哲学的基本因素和主要预设。这时候的尼采正在计划他的哲学大书《权力意志》，虽然终未成书，但尼采是不是以为自己这本《权力意志》讲的是未来哲学？——这个问题我们先放一放。

从上述"后哲学""后宗教"和"后种族主义"三个批判性前提出发，我们可以进一步引申出"未来哲学"的四个规定性，即世界性、个体性、技术性、艺术性。规定即使命，两者在德语中是同一词 Bestimmung。我们从这四个规定性中可以猜度"未来哲学"的可能方向和任务。

二、未来哲学的关联性/世界性

未来哲学是世界哲学，或者说，未来哲学具有世界性。当我这样说时，我的意思不只是说，未来哲学将是一种国际性或者全球性的哲学，而不再局限于特定的民族和地域。未来哲学当然具有国际性意义上的世界性。地球上的各民族文化早已进入全球化时代，进入马克思所说的"世界历史时代"了。这一点自不待言，哪怕在当今之世，民族主义、种族主义和地方主义思潮风行，恐怕也只是短时的逆流而已。不过，我所讲的未来哲学的世界性，还不只是哲学已经进入全球交互和沟通模式，成为国际性的哲学，而更多的是哲学具有了"大地—世界性"或者"生活世界性"。

在西方，从马克思、尼采到现象学，特别是通过海德格尔的现象学及后继的法国现象学，现代哲学已经完成了一次颠覆性的灵—肉、天—地倒置：传统哲学（形而上学）是尼采所谓的"彼世论"或者"另一个世界论"，或者也可以说是"两个世界论"，因为它总是假定在我们这个虚假的具体感性生活世界之外有真正值得我们追求的"另一个世界"，一个超感性的世界，一个理性的或神性的或自由的世界，这"另一个世界"在天上而不在人间大地，在"彼世"而不在"此世"。在灵与肉之间，传统哲学（和宗教）落在灵上，而否弃肉身（身体）——否弃肉身就是否弃大地。这个悠久的欧洲哲学传统被马克思叫作"唯心主义"，被尼采叫作"柏拉图主义"，后者与基督教文化合流之后，还成了"民众的柏拉图主义"。尼采认为，如此这般被这种传统塑造出来的人性是颓废的和变态的，是"末人"和"庸人"。尼采设想了一个新人类类型，即他所谓的"超人"。不过，尼采讲的"超人"绝不是"神人"或"强人"，既不是奥特曼或孙悟空，也不是希特勒或斯大林。"超人"的意义决不是绝然于世，不在于强权暴力，也不在于高高在上的天国（那就又重归传统哲学和宗教了），而毋宁说在于回归人间大地——"忠实于大地"。

胡塞尔开创的现象学在基本精神气质上同样是反传统的。胡塞尔现象学哲学的义理系统殊为复杂，我们这里不可能展开议论，而只能做基本的定向和简化的理解。我认为，现象学的首要意义在于，通过对传统抽象理论的批判，解构尼采所谓的两个世界论（"另一个世界论"），把观念世界——本质领域、抽象世界、超感性世界——感性化。胡塞尔所谓的"本质直观"既可以说是要告诉我们，本质—共相（普遍之物）并不是超感的和抽象的，同时也可以说是要揭示，直观并不被动和消极，而是积极的赋义行动，连最简单的观看行为也并不简单，而是高度复杂和丰富的意义给予行为。这也就是说，现象学撤除了尼采所谓的感性世界—超感性世界的分隔和屏障，把两个世界合二为一了，超感性的观念—普遍本质世界就在我们具体的感性生活世界之中，或者说就是感性生活世界本身，是被我们直观把握的，即被我们直接地看到的。

事情难道不是这样吗？传统的抽象理论总是设置了各种"中介"，普遍的共相—本质是不可直接通达和获得的，而是要通过各种理论和方法训练才能间接地达到的。现象学则认为，这不是真相，我们当下直接地理解某个观念，而无须理论或者方法的中介。好比此刻我说"红"，我没有说一块红的布或者一包红的烟，但在座各位直接就理解了"红"这个观念、这个本质，根本无须中介；即便是一些更为抽象和高度抽象的观念（共相、本质），比如说"自由"，比如说"正义"，相信每个人都会有自己的理解和见解，大家关于"自由"或"正义"的看法和想法不一定趋同，而是有各种差异的，但当我此刻说

"自由"或"正义"，大家都心领神会，直接就理解了，直接就可以进入讨论了。在我看，这种无中介的直接理解的可能性，这种本质/观念的直接性，正是胡塞尔所谓"本质直观"的真义。

今天我们会问：在 20 世纪林林总总的哲学思潮中，为何唯有现象学具有恒久的革命性的意义和影响力？现象学的意义还必须在哲学史上获得定位和确认。在我看来，现象学及与之相关的哲思——广义现象学[1]——最

---

1. 现象学不是一股狭隘的哲学思潮，而是一种思想姿态和思想可能性，就此而言，不但尼采哲学是现象学的，维特根斯坦哲学也是一种现象学。关于尼采哲学的现象学特性和意义，可参看孙周兴：《尼采的科学批判——兼论尼采的现象学》，载《世界哲学》，2016 年第 2 期；关于维特根斯坦的现象学倾向，主要可参看徐英瑾：《维特根斯坦哲学转型期中的"现象学"之谜》，复旦大学出版社，2005 年。

典型地标志着欧洲—西方哲学在事物／存在的理解方面已经进入第三个阶段。

在第一个阶段，即古典存在论／本体论哲学中，事物的存在或意义被认为就在于事物本身，事物是康德所谓的"物自体"或"自在之物"（Ding an sich），无论是实体—属性的结构还是质料—形式的框架，都是对事物之自在存在（物本身）的规定；而在第二个阶段，即近代主体主义的知识论哲学中，事物的存在或意义是主体赋予的，是康德所谓的"为我之物"（Ding für mich），这也就是说，事物只有进入我们的表象思维的范围之内，成为我们的"对象"，才具有存在性和存在意义，或者说，事物的存在就是"被表象性"或者"对象性"，存在＝对象性，是被主体设定的"实在"；到了现当代，特别是在现象学哲学出现之后，哲学进入第三个阶段了，我们大概可以称之为语言哲学的阶段或者说世界—境域论的阶段，这时候，事物的存在或意义既不在于"自在之物"（物本身），也不在于主体表象思维的"对象性"即"为我之物"，而在于物—我、客—主的"关联性"——胡塞尔的意向性学说告诉我们，意向意识本身包含着与对象的关联，即"先天相关性"；事物的意义在于它以何种方式被给予我们，或者说以何种方式与我们发生关联。后来海德格尔径直把这种意义称为"关联意义"（Bezugssinn）。

于是，我们就不难看到，在西方哲学史的三个阶段中，事物的存在或意义经历了三个步骤的演进和更替，即"自在"（An sich, in itself）—"为我"（Für mich, for me）—"关联"（Bezug）的演进和更替。还必须指出的是，在此历史演进过程中，第三个阶段的变化对西方哲学文化来说具有最深刻的、革命性的意义——海德格尔因此干脆名之为指向"另一开端"的"转向"(Kehre)。

如果说古典存在学和近代知识学根本上都是一种"超越论"以及超越性思维,那么,到第三个阶段,即在广义现象学之后,哲学主流方向进入了一种关联性思维。从超越性到关联性,这对西方哲学传统来说是一个前所未有的、断裂性的巨大转变。所谓关联性,实际上就是境域性—世界性。海德格尔在《存在与时间》中雄辩地指明,周围世界的器具是相互指引、相互关联的,共同构成一个"因缘整体"。海德格尔在现象学上的突破正在于此。胡塞尔虽然看到了"视域 / 境域"(Horizont)对于意义构成的决定性意义,但他仍旧执着于内在之"我"如何可能切中外在之"物"这样一个超越性的知识学问题;

前期海德格尔的境域—世界论则把传统哲学的超越问题转化为基于关联的指引性问题，问题于是变成：具体有限的关联境域如何指引着更广大的境域，最终指向普全的境域，即"世界"。这就开启了一个"世界现象学"的方向，后来在兰德格雷伯、黑尔德等人的当代现象学中得到了进一步的展开。[1]无论如何，我都愿意认为，关联性意义和关联性境域的发现是海德格尔《存在与时间》的一大成果。

美国汉学家安乐哲甚至认为，与西方传统的超越性思维不同，中国传统思维是关联性思维。所谓超越性思维，安乐哲把它简化为一种"上帝模式"：A决定B而B不能反

---

1. 特别可参看克劳斯·黑尔德：《世界现象学》，孙周兴编，倪梁康、孙周兴等译，生活·读书·新知三联书店，2003年。

过来影响 A，则 A 超越于 B。安乐哲说，中国思维不是这样的，中国人从来不会承认这样一种超越性，而总是认为万物相互关联。[1]我赞同安乐哲的判断，只是我认为，他可能过于简化了超越性思维，需要补充一二。其实在我看来，西方超越性思维是有两个方向的：一是哲学—科学的超越性思维，我称之为"形式性超越"；二是基督教神学的超越性，我称之为"神性超越"。进一步我们更得看到，传统哲学和神学的超越性思维方式已

1. 中国人的这种思维方式当然是跟汉语的特性紧密相关的，汉语本身是一种关联性语言，没有形式语法，词类界限不明，词义强烈地依赖语境（上下文）。可参看孙周兴：《超越之辩与中西哲学的差异：评安乐哲北大学术讲演》，载《中国书评》第一辑，广西师范大学出版社，2005 年 4 月；《存在与超越——西哲汉译的困境及其语言哲学意蕴》，载《中国社会科学》，2012 年第 9 期。

经趋于没落，而以现象学为代表的 20 世纪哲学已经开启了关联性—世界性的致思新路。

概而言之，当我们说未来哲学是"世界哲学"时，我们表达的是三重含义：一是未来哲学具有国际性意义上的世界性，是全球哲学；二是未来哲学具有人间—大地—生活世界意义上的世界性——未来哲学指向大地，目光是朝下的；三是未来哲学具有区别于超越性思维的关联性思维的特征，或者说关联性—世界性的思想特质。这第三重含义才是最要紧的，但也必须指出，这三重含义又是有内在联系的，是一体的。

三、未来哲学的个体性前提：个体之思与言

与未来哲学的大地—世界性不无关联，个体性是未来哲学的第二个特性。未来哲学

首先是个体哲学，也即实存哲学。个体之思是西方哲学史的一大难题。中古欧洲有言："个体不可言说。"个体之所以难思难言，原因大致有两个方面：一是个体总是变动不居，游移不定，总是在发生、生成和运动之中，你是一个个体，但当我说你是什么时，无论在何种意义上讲，你都已经不再是你了；二是当我们言说个体时，我们似乎没有别的办法和手段，只好动用普遍—共有的概念（康德所谓的"知性范畴"），这也就是说，我们通常只有通过普遍主义—本质主义的知识—科学的途径去言说个体和个体存在。20世纪的维特根斯坦也还忙于论证一点："私人语言"是不可能的，语言总是公共的；尤其是，不可能有个体私人地遵守的规则，因为遵守规则意味着做相同的事情，而什么是相同的事情呢？只有不止一个人参加的实践（语言游戏）才能确定。

在这方面，古希腊哲学家亚里士多德恐怕是一个典型，他的哲思起于"个体"（tode ti）之"在场"（ousia），在此意义上，可以说他是头一个"实存哲学家"，但最后，他却创设了欧洲哲学史上第一个范畴理论——第一个"范畴表"（所谓"十范畴"），并且开启了只探讨"完满的形式"的形式逻辑体系。亚里士多德在哲学史上的意义首先在于，他通过范畴理论，首先建立了存在形式与思维形式（语言形式）的同一性（即通常所谓的"存在与思维的同一性"），从而使得关于个体存在的普遍化述说成为可能。也正因此，我们经常说他的哲学是一种摇摆的哲学，以前的哲学教科书甚至说他摇摆于唯物主义与唯心主义之间。[1]

---

1. 关于亚里士多德的哲学进路，可参看孙周兴：《后哲学的哲学问题》，商务印书馆，2009年，第48页以下。

在现代实存哲学 / 实存主义兴起之前，本质主义—普遍主义（所谓"柏拉图主义"）是哲学的主流，而个体之思一直隐而未发，未能成其气候。亚里士多德之后，个体实存之思时隐时显，但也未曾完全绝迹。我们且不说原始基督教的实存经验和奥古斯丁神学的实存主义倾向，即便在近代科学乐观主义的氛围中，也仍旧有诸如神秘主义的实存思索，也仍旧有 18 世纪维柯的新科学和哈曼的哲学，等等。正是有了这样的历史性积累，加上时代处境的诱发和激发，才有了在 19 世纪中期以后日益凸显出来的实存哲学 / 实存主义思潮。

所谓"本质主义"，既是一种普遍化的知识—科学方式，又是一种同一性的制度设计和模式。而现代实存哲学 / 实存主义的个体之思本身就是要反抗本质主义的普遍化知识和同一性制度，这就是对哲学主流传统的批判性解构。这项工作变得越来越迫切，因为"本质主义"的知识和制度体系通过现代科学和技术工业不断强化和固化。现代实存哲学 / 实存主义这方面的努力应该说是相当成功的，尤其是在 20 世纪上半叶，通过海德格尔等哲人的努力，它突然咸鱼翻身，浮现为欧洲哲学中至少可以与本质主义传统并举和对抗的主流之一；而在 20 世纪的下半叶（特别是 60、70 年代），它甚至成了欧洲学生运动及其他社会抵抗活动的哲学基础。盛极而衰，随着欧洲学生运动的落幕，实存哲学 / 实存主义也渐渐消隐了，然而，这并不意味着这种哲学思潮变得完全无效、不起作用了。

除了对本质—实存的立场性颠倒，现代实存哲学不断地尝试以非本质主义方式形成对个体此在的思考和言说，它经由基尔凯郭尔、尼采等实存哲学家的准备，在海德格尔的《存在与时间》中达到了一个顶峰，形成了被称为"基础存在学/实存论存在学"或"此在的形而上学"的实存哲学体系。

如今回顾，我们不得不承认，无论是在哲学批判意义上还是在对个体实存结构的揭示意义上，实存哲学/实在主义的个体之思和言都属于20世纪欧洲哲学的最大成就。而且在我看来，这一成就是具有未来性的，也就是说，它将在未来的哲思中保留下来，成为未来哲学的一个本质要素和基本前提。

未来哲学是个体哲学。在今天和未来高度技术化的时代，这一命题尤其具有现实迫切感。如果说传统以本质主义为主导的哲学主流和制度形式构成对个体的宰治，那么在今天，我们遭受了，而且正在遭受加速发展的现代技术对个体的强力剥夺。制度性宰治和技术剥夺相互叠加，个体此在已经被数码化和均质化了，进入艺术家安瑟姆·基弗（Anselm Kiefer）所谓的"数码集中营"了。这时候，保护个体和个体自由变成当务之急。

令人惊奇的是，尼采对于这样一种处境和哲学的使命早就有了天才般的预感，他在《权力意志》时期的一则笔记中这样写道："必须证明的必然性：一种对人和人类的越来越经济的消耗、一种关于利益和功效的越来越坚固的相互缠绕在一起的'机构'，包含着一种对立运动。我把这种对立运动称为对人类的一种奢侈和过剩的离析（Ausscheidung）：在其中应当出现一个更强大的种类，一个更高级的类型，后者具有不同于普通人的形成条件和保持条件。众所周知，对于这个类型，我的概念、我的比喻就是‘超人’（Übermensch）一词。"[1]尼采这里的说法虽然还不免含混，但其思想的基本定向是相当清晰的，而这也让我们不得不重新思考他所谓的"超人"的意义。[2]

四、未来哲学的技术性：政治统治或技术统治[3]

我们这里的"技术性"规定，并不是说未来哲学将成为一种技术化的思考，也不仅

---

1. 尼采：《权力意志》上卷，科利版《尼采著作全集》第12卷，10［17］，第526页。
2. 参看孙周兴：《末人、超人与未来人》，载《哲学研究》，2019年第2期；《人类世的哲学》第四编第二章。
3. 此节可参看孙周兴：《技术统治与类人文明》，载《开放时代》，2018年第6期；《人类世的哲学》第二编第一章。

仅指技术问题成为哲学的主题，而毋宁是说，人类已经进入技术统治时代，技术统治压倒了政治统治——技术成了最大的政治。未来之思是技术统治前提下的思考，现代技术本身对未来之思具有指引作用。在此意义上，我们说未来哲学的"技术性"。

回顾历史，人类文明社会一直是政治统治占主导地位的。无论是封建皇权制度、资本主义制度，还是社会主义制度，虽然形态和性质各异，但根本上都是政治统治的形式。一般而言，政治统治是自然人类的权力实现方式。人类不同大小的组织和团体同样具有政治统治的性质，哪怕是一个学校、一个班级、一个小组，都有一种权力运作和商讨议事方式。政治统治的实现方式主要是话语商谈，虽然商谈性质和程度不同，但即使是封建制度和极权统治，也少不了商谈和讨论。

毫无疑问，现代民主制度是一种更全面和更彻底的商谈制度。

然而，现代技术的进展造成了一种更强大的统治形式，亦即我们所讲的"技术统治"。从大的方面说，技术工业的发展必然伴随——要求——统治形式的切换，现代资本主义制度的形成正是这种切换的实现，或者说是技术统治势力的上升，其突出地表现在19世纪中叶发生的欧洲资产阶级革命运动中。进一步，在20世纪上半叶，技术工业武装了资本主义国家，飞机、枪炮、坦克等先进武器，使第二次世界大战在很大程度上变成技术装备的竞赛。但如果说飞机、枪炮、坦克等武器带来的暴力杀戮还是自然人类可以感受和经验的，那么，作为第二次世界大战结束的标志性事件，1945年8月6日广岛原子弹的爆炸所造成的超大规模灭绝，则是自然人类完全无法想象和理解的事情了。原子武器的杀伤力和灭绝性是绝对的，被德国哲学家京特·安德斯（Günther Anders）称为"绝对的虚无主义"。在安德斯看来，有了核武器，人类就进入了一个新状态，人类已经无法掌握和驾驭自己的产品，人类的世界终结了，人类的历史终结了。[1] 按我们的说法，原子弹爆炸真正确立了技术统治。

安德斯所谓"绝对的虚无主义"当然与尼采的虚无主义诊断相关，但他把虚无主义与现代技术联系在一起了，认为现代技术正在实施对自然人类的有组织的毁灭，技术发展的必然终极结果是：世界将成为一个"没有人的世界"。我们看到，安德斯的这个说法

---

1. 参看安德斯：《过时的人》第一卷，范捷平译，上海译文出版社，2010年，第8页。

恐怕正在实现过程之中。今天，作为自然物种的人类正面临双重威胁，即自然力的加速下降和高智能机器人的出现。所谓自然力的下降，特别是人类繁殖能力，在由技术工业（特别是化工产品）造成的环境激素的影响下，现在正在加速下降。在座的各位谁也逃不掉，因为连南极的企鹅都无法避免，我们能逃掉吗？企鹅只是比我们慢一点而已，目前它们身上的环境激素大概是我们人类身上的一半。在可以预见的将来，人类应该还持存着，但恐怕不再是作为自然物种的人类了。另外就是今天已经出现的超越人类智力的高智能机器人，我们已经知道了霍金的预言和担忧，在他看来，留给自然人类的时间已经不多，不会超过百年了，人类终将丧命于人工智能。

技术统治到底意味着什么？我所谓的技

术统治压倒政治统治到底意味着什么？我认为个中意味至少有如下三点：其一，现代技术已经成为人类的主宰力量，或者说，现代技术已经脱出了人的掌控范围，是人力（无论是个人还是集体）无法控制和支配的了；其二，技术成为人类制度构造和社会治理的基本手段，社会生活被格式化和同一化，可计算性（数据）和量化标准成为社会的唯一尺度，而且如今呈现出日益加剧之势；其三，政治统治作为一种权力运作和商讨方式，当然还在今天的社会现实中起着重要的作用，但它已经越来越成为技术统治的表现形式，是为技术统治所规定的。一句话，今天的全球政治和区域政治越来越成为技术资本的博弈。

在技术统治的新时代，传统社会的政治方式和政治现象经历了彻底的变化。举一个简单的例子：传统社会基于冷兵器的武装革命和游击战，在技术时代已经变得完全不可能了。在自然人类的冷兵器时代，被压迫和被剥削的民众造反是可能的，比如中国历史上陈胜吴广等人的农民起义；游击战也是可能的，比如切·格瓦拉在非洲和南美丛林里闹革命。而要是放到今天，占有现代化武器的国家机器要把造反者和起义者消灭掉，已经成了分分秒秒、干脆利落的事，无论滋事者躲藏在哪里。谁若以为人们今天仍旧可以上山打游击、闹革命，那对个人来说就是一种可怕的、危险的想法了。本·拉登当年藏身的地方差不多是全球技术工业少有的一块"飞地"了，但也进入了美国全球卫星监控体系的范围，他最终也落了个死无葬身之地的下场。

或问：我们关于技术统治的观点是在主张一种"技术决定论"吗？不，我们宁可说

84

是一种"技术命运论"。这种"命运论"起于海德格尔，以海德格尔的说法，即发起于欧洲的"存在历史"(Seinsgeschichte)之命。如我们所知，后期海德格尔用"集置"(Gestell)一词来规定现代技术的本质，他所谓的"集置"指现代技术中的人类通过各种"置弄"方式来处置存在者（比如摆置、订置、置造、伪置等），同时当然也指人类被现代技术所摆置，处身于存在历史的"另一开端"的命运之中。技术之"集置"是命运性的，它是存在历史对人类的规定（命定）。既为命，我们就得听命吗？海德格尔大概想说，我们正是缺了命运感，早就不会听命了，才一步步地落到了现代技术的宰治之下。[1]

---

1. 有关讨论可参看《人类世的哲学》第二编第三章"海德格尔与技术命运论"。

未来哲学是技术哲学。未来哲学必须对技术统治给出应对之策。在技术统治这个前提下，技术悲观论（多半是人文学者的主张）和技术乐观论（多半是技术专家的主张）都是不可取的，都有自己无法克服的困难。那么，有没有一条中间道路呢？我认为海德格尔正是在尝试走出一条中间道路，他所谓的"泰然任之"表面上看起来是一种消极无为的姿态，其实却是在寻求一种合乎命运的抵抗方式。海德格尔是要告诉我们：若要"克服"技术，必先"经受"技术。[1]

　　对于今日席卷全球的现代技术和资本工

---

1. 在当代人文领域内，对于现代技术的最积极的声音可能来自哈贝马斯，但也无非是主张商谈，通过政治、技术、人文等领域的沟通来形成关于技术进展和方向的可能共识。参看哈贝马斯：《作为"意识形态"的技术与科学》，李黎、郭官义译，学林出版社，1999年。

业，我们当然要抵抗，但这是一种听命或者认命的抵抗。这种姿态并不是"技术决定论"或"技术宿命论"，而是"技术命运论"，在思想立场和人生态度上类似于尼采所主张的"积极的虚无主义"。"技术命运论"是一种听起来自相矛盾的二重性姿态：既承认技术的统治，又坚持抵抗的意义。

五、未来哲学的艺术性：艺哲关系之重构

未来哲学的艺术性比较好理解，实质上就是艺术与哲学关系的重构。这个重构过程是在 19 世纪后期到 20 世纪的历史阶段开展的，也许我们今天也还在这种重构过程中，也许未来依然将继续展开这种重构。

在主流传统柏拉图主义的知识谱系中，艺术一直处于被哲学贬低和歧视的低端位置。

这是西方文化史上的老话题了，"敌视艺术"甚至成了柏拉图的一大"罪状"。在近代知识论中，艺术与哲学的关系通过感性与理性的认识论对立得以确立。虽然在近代尼采所谓"科学乐观主义"的历史氛围中，也出现了诸如维柯和哈曼等少数先知先觉的思想家试图破除理性对于感性、哲学对于艺术的权力秩序和等级关系，但真正的破局者是19世纪后期的尼采。在《悲剧的诞生》时期，尼采就把创造的艺术与批判（认识）的哲学之间的关系设为民族文化的轴心关系，认为一个美好的文化状态（比如希腊悲剧时代）基于艺术—哲学协调共生的关系，而至苏格拉底时代，理论—科学兴起，知识冲动失去了控制，艺术与哲学的姐妹关系转化为等级对抗关系，艺术受到了理论文化（科学文化）的挤压。尼采给出的诊治方案是：重新调适艺术与哲学的关系，期待一种艺术性的哲学和哲学性的艺术，以及与此相应的一个新人类类型，即所谓的"哲学家—艺术家"（Philosoph-Künstler）。后来的海德格尔接过了尼采这一思路，把它转化为作为语言—存在方式的"诗"（Dichten）与"思"（Denken）的关系问题。而究其根本，海德格尔在这方面未脱离尼采的基本思想策略。

尼采和海德格尔等思想家关于艺术—哲学关系问题的重思为战后当代艺术的兴起做了准备，也可以说在当代艺术中获得了印证。当代艺术本身就是艺术与哲学关系的重构过程，艺术与哲学的对立关系得以消解，两者进入相互渗透和相互介入的状态。当代艺术（无论是装置艺术、行为艺术还是新媒体艺术）在根本上都属于观念艺术。然而，要以传统的眼光来看，"观念艺术"这个名称是荒唐的，"观念"如何可能成为"艺术"呢？观念艺术如何可能？如我们所知，在历史上，无论是柏拉图还是黑格尔，他们之所以贬低艺术，都是因为艺术达不到普遍"理念"或"观念"。他们怎么也不可能设想一个艺术获得再生的后哲学时代的到来。

今天更应该问的恐怕是："观念"为何不可能"艺术"？我认为，"观念艺术"这个名称最好地阐释了当代语境中发生的"艺术哲学化"和"哲学艺术化"的双重差异化运动。观念艺术向来就是哲学艺术（哲学化的艺术）。无论是当代艺术的开创者约瑟夫·博伊斯（Joseph Beuys）的"扩展的艺术概念"和他关于艺术超越视觉中心、转向物质研究的主张，还是当代艺术家安瑟姆·基弗通过艺术探究"基本元素"的努力，艺术主题的替代见证了我们所谓的艺术与哲学关系的重构。[1]

　　未来哲学是艺术哲学，是我们自然人类最后的抵抗。今天我们面临着一个全新的技术统治景象：互联网、虚拟技术、智能技术的发展正在加速把人类带向一个非自然化的，甚至非人化的状态。自然人类文明的传统要素越来越被技术文明所挤压和消灭，人类文明和知识体系中可形式化和可数据化的部分将很快被智能技术化。然而，我们仍然可以预期的是，在奇思妙想—奇异性—想象力—创造性的意义上，艺术与哲学构成互构、交织、共生的关系，将成为自然人类文明的最后地盘。

---

1. 可参看孙周兴：《哲学与艺术关系的重构——海德格尔与当代德国文化变局》，载孙周兴：《以创造抵御平庸——艺术现象学演讲录》（增订本），商务印书馆，2019 年。

第三章 海德格尔与未来哲学 [1]

海德格尔被视为20世纪最伟大、最有影响力的思想家之一，但他也是一位备受争议的思想家。海德格尔思想的

---

1. 本文最初为作者2017年3月28日下午在上海社会科学院哲学所做的报告《海德格尔与未来哲学》；修改扩充稿以《海德格尔与思想的前景》为题，提交给由中国人民大学、同济大学、商务印书馆联合主办的"《海德格尔文集》30卷发布会暨海德格尔与未来哲学研讨会"（2018年6月9日，北京）；终稿以《海德格尔与未来哲学》为题，于2019年11月7日在同济大学欧洲思想文化研究院主办的"海德格尔论坛"上报告。本文终稿未发表过。

意义到底何在？我们今天为何还要读海德格尔？或者我们可以追问：对人类的未来思想和文化，对人类的未来生活来说，海德格尔的哲学给我们什么样的启示？本文围绕尼采晚期提出的"未来哲学"概念，讨论海德格尔前后期两个不同的未来哲学推进方案，以及对实存—本质关系、思—诗关系、思—信关系的三个重构，进而从海德格尔的技术之思出发，预感和探测在自然人类文明向类人文明的转变过程中，人类思想的前景、方向和主题。

今天会议的主题是"海德格尔与思想的前景"，源于我 2017 年 3 月在上海做的一个题为《海德格尔与未来哲学》的报告；我今天的报告对前者做了大幅度的扩充，希望对此论题做一次全面系统的清理。各位知道我一直在做海德格尔翻译和研究，但其实，最近几年来我的主要工作已经转向尼采哲学和艺术哲学了，估计未来一些年也是这样。我主持的科利版《尼采著作全集》译介工作已完成一半左右，也已经写了一本关于尼采的书《未来哲学序曲——尼采与后形而上学》，前几年已经在上海出版[1]。在艺术哲学方面，我主编的《未来艺术丛书》已出版 11 卷，即出 5 卷，一共将会有 30 卷；我自己关于艺术现象学和当代艺术的两本文集也已付梓。总的来说，海德格尔哲学已经不再是我的工作重点了，但在今天这个场合，仿佛是为我多年的海德格尔研究工作和刚刚出版的中文版《海德格尔文集》30 卷做一个总结，我还得来谈谈海

---

1. 孙周兴：《未来哲学序曲——尼采与后形而上学》，上海人民出版社，2016 年；修订版由商务印书馆于 2018 年出版。

德格尔，粗泛浅白之论，没有多少新见。

先来说说未来哲学。在哲学史上，"未来哲学"首先是费尔巴哈的一个概念。在尼采出生前一年（1843 年），费尔巴哈出版了《未来哲学原理》[1]一书。在该书的引言中，费尔巴哈明言："未来哲学应有的任务，就是将哲学从'僵死的精神'境界重新引导到有血有肉的、活生生的精神境界，使它从美满的神圣的虚幻的精神乐园下降到多灾多难的现实人间。"[2]费尔巴哈这里关于未来哲学的定

---

1. 1846 年收入《费尔巴哈全集》第 2 卷。该书于 1934 年在上海出版过一个中译本（柳若水译），书名被译为《将来哲学底根本命题》，后有洪谦的新译本《未来哲学原理》，于 1955 年由生活·读书·新知三联书店出版。全书共 65 节，前半部分论述哲学史，后半部分讨论他的人本学哲学。
2. 费尔巴哈：《未来哲学原理》，洪谦译，生活·读书·新知三联书店，1955 年，第 1 页。

位，从总体方向上看，显然是与后来马克思的哲学规定及更后来的尼采的未来哲学设想同趣的。

晚期尼采对"未来哲学"概念进行了几年的琢磨，可惜没来得及真正深入和系统地阐述，只留下了一些残篇笔记。海德格尔呢？他的未来意识更强烈，虽然他没有直接用"未来哲学"或者"未来思想"之类的说法，但无论是关于文艺（艺术）还是关于哲学，他都坚持以有没有"未来性"来衡量，比如他说，德语诗人荷尔德林为何具有重要意义？因为这位诗人最具未来性。[1]当然，海德格尔这时候已经不再愿意用"哲学"来标识他的思想和他心目中的未来的思

---

1. 参看海德格尔：《哲学论稿（从本有而来）》，孙周兴译，商务印书馆，2014年，第480页。

想了，他后期的演讲《哲学的终结与思想的任务》（1964）已经明确地对"哲学"与"思想"做了一个对立性的区分，这种区分是有道理的，未来哲学不再是传统柏拉图主义意义上的哲学了，而是后哲学的，故最好另立名堂。

不过，我们仍旧可以采用尼采的命名，把海德格尔的后哲学的哲学意义上的思想称为"未来哲学"，这样我们便可以讨论"海德格尔与未来哲学"了。我们今天的讨论可以分为如下几点：一、海德格尔与未来哲学的准备和尝试；二、未来哲学的前景和方向；三、未来哲学的可能形态：技术—生命—艺术的哲学。最后我想强调，人类正处于前所未有的断裂性的文明大变局中，这时候，我们不得不确认思想的姿态：未来才是哲思的准星。

一、海德格尔与未来哲学的准备和尝试

海德格尔被视为 20 世纪最有影响力的思想家，但围绕他的争议始终不断。此公性格阴沉，品德不佳，加上在政治上曾经误入迷途，如何令人喜欢？海德格尔的意义到底何在？我们今天为何要读和谈海德格尔？或者我们可以追问：对人类未来的思想和文化，对人类未来的生活来说，海德格尔的哲学给我们什么样的启示？套用他自己的说法，如果海德格尔的哲思不具"未来性"，我们当然不必读他和谈他了。

海德格尔自称一辈子只思考一个问题，就是"存在"（Being）问题。在《存在与时间》的一开头，他就说要重提"存在的意义问题"。"存在"问题是个什么样的问题呢？大家知道在我们国内，在当代汉语学界，现在连

个译名都还有争议，以前译为"存在"，现在有人坚定地建议把它译成"是"，而且仿佛已成一股风气。相应的学科名 ontology，以前译为"本体论"或"存在论/存在学"，现在被改译成"是论"了。情况相当混乱，十分不妙。我们在此姑且不理睬这些纷争乱象，我更愿意认为，海德格尔其实还是想处理我们通常讲的人与自然的关系。一般地，希腊人本来就把 Being（希腊文中的 on）理解为 Physis，那是显—隐、长—消之二重性运动。而在当时，尤其是在哲学和科学时代之前，人与自然/存在的关系还是温和的、柔软的，是学习—模仿（mimesis）的关系。后来，特别是欧洲新时代（近代）以后，情况大变，就是我们现在所熟悉的主体—客体对象性关系的建立，人与自然的关系变成了主客对象性关系，在康德那里，存在变成了被表象性或对象性。这种人—自然的对象性关系是一种暴力的对抗关系，通过18世纪下半叶以来的技术工业展现出来，后果相当严重，现在人类文明和文化整个都不好了，由传统文化（哲学和宗教）构造起来的精神价值体系已趋于崩溃，一切坚固的东西都消失了，人世间已经没有了可以坚持和依靠的东西——除了马克思所说的"交换价值"。尼采把这种时代状况称为"虚无主义"。怎么面对之，怎么克服之？这大概就是海德格尔面临的问题。

海德格尔著述宏富，《全集》已达102卷，要全部读完，也算是一件可怕的事，在我看来却是大可不必的。但纵观海德格尔一生，我理解他给我们提供的无非两个方案，第一个方案，我愿意说它是把人放大的方案，是一个"大人"方案，代表作是《存在与时间》（1927）；第二个方案则是把人缩小的方案，是一个"小人"方案，代表作是《哲学论稿（从本有而来）》（1936—1938）。这两者之间区别蛮大的。

　　我们先来说说第一个"大人"方案。这是前期海德格尔主要在《存在与时间》中形成的方案。此时的海德格尔做了什么呢？他把人放大了。但怎么放大的？放大到什么地步？这几个问题说来话长，我们在这里只能简述之。海德格尔是现象学思想家，他首先是接着胡塞尔现象学来说的。胡塞尔认为，事物的意义不是它本身给出的，也不是自我—主体给出的，而是由事物呈现于其中的视域（境域）给出（规定）的。这一点至关重要，在哲学史上具有转折性意义。海德格尔更进一步，说人（此在）是在一个有着因缘关系的世界境域里照料和烦忙，跟事物打交道，事物才获得了意义。这个想法有意思，不过也带有危险。海德格尔最后只能说，人的存在（此在）与世界是等值的，唯当此在在，才有世界[1]。

这里包含着两个关键的想法。其一是，此在通过活动——照料于物和照顾于人（烦忙与烦神）——构成一个整体，甚至可以说人创造了世界。但这个想法不算多么稀奇，在思想史上，意大利思想家维柯早就已经有此说法了，马克思也有此主张。其二是，事物的意义取决于人所创造的世界。这就是把人的存在（此在）放大了。放大以后怎么办？还不好办，还是有一个"虚无""有限性"的问题。人的有限性在海德格尔那里被解为"时间性"。而"时间性"是曾在、当

---

1. 原话为："如果没有此在实存，也就没有世界在'此'。"参看海德格尔：《存在与时间》，陈嘉映、王庆节译，商务印书馆，2016年，第495页。

前、将来三维构成的整体性。若是按以前的线性时间观，时间被理解为直线的流逝，那么人就不免悲观和不免虚无了，因为人无非是一个"等死者"。海德格尔却为我们提供了一种三维循环的整体时间观，况味就好多了。在这方面，海德格尔显然是承继了尼采在"相同者的永恒轮回"思想中阐发出来的瞬间／当下—时间观——我命之为"圆性时间"，以区别于传统的"线性时间"[1]。区别在于，在时间观上，尼采以过去与将来碰撞的"瞬间／当下"（Augenblick）为核心，而海德格尔则以"将来"为定向——这个改变十分重要，也意味着哲思（和人文科学）的重新定向。海德格尔也说"等死"，但不是坐以待

---

1. 参看拙文《圆性时间与实性空间》，原系 2019 年 4 月 28 日下午在四川大学文科楼做的演讲，收入《人类世的哲学》第三编。

毙，而是积极无畏地面对。在他看来，人只要直面死亡（虚无），向死而生（仍旧是"练习死亡"！），面向将来，继承过去，承担当下，则还是能获得自己的整全性（完满性）的，人看起来就不残缺了。

这套解释在理论上被叫作"基础存在学"（基础本体论），说白了，就是要把存在学／本体论的基础设在此在的实存结构上，或者说是以人为本的存在学／本体论方案。这套办法怎么样？现在想来也还是不妙，一是因为它过于主体哲学化了，把什么都往人／此在身上推，就会有问题，就会走向极端主体主义或唯我论。二是因为在策略上，它仍然没有逃脱苏格拉底的路子，无非是让人直面死亡和虚无。怎么"直面"呢？说来容易做来难，不是想直面就直面的，也不是每个人任何时候都能直面的。或者不如说，海德格尔这里的路径依然是尼采在"相同者的永恒轮回"思想中表达出来的"积极的虚无主义"策略。

1930年之后，海德格尔实施思想的"转向"，进入后期思想阶段，这时候他想出了第二套解释方案，我愿意把它看作把人缩小的办法，可谓"小人"方案。海德格尔自己也意识到，他的前期哲学虽然意在通过新的"此在"和"世界"理解消除主体性，反对主体主义，本身却又把主体主义推向了极端之境。后期海德格尔试图另辟蹊径，转向非主体主义之思。人本来就不大，只是通过近代科学和技术工业，人夸张了自己的伟大。在瘟疫（流行病）、地震、海啸、火山、洪水等重大自然灾难面前，人类依然脆弱不堪，人实际上十分渺小，说没就没了。14世纪的黑死病使欧洲约四分之一的人口消失，即使到

20世纪，1918年的"西班牙流感"也导致了5000万人死亡。人类至今无力对抗病毒。地球本身的运动更是人力无法掌控的。有一次地震时，一个村庄掉入地缝里，地又合上了，这个村庄就这样无影无踪了。地质史的时间概念以"代""纪""世"来计算，连最小的年代单位"世"通常也以千万年计，而人类的历史在地质年代表上差不多还是零，是可以忽略不计的。[1] 现在，莫非可以忽略不计的人类历史居然就快要结束了吗？人类虽然渺小，但今天的人类是无比骄傲和自负的，总以为自己成了老大，自然的征服者和自然界的主人。人类越来越失去了敬畏感，而敬

---

1. 地球现在所处的年代是第四纪的全新世（Holocene），迄今才11700年，但有地质学家主张，以1945年（第二次世界大战结束）为界，人类已经进入一个新的时期，即人类世（Anthropocene）。

畏感正是宗教和道德的基础。这就是说，如果没有了自然观上的谦恭，那么宗教信仰和伦理报应，就都失掉了根基。

海德格尔要重思人的位置。如果人不大，那么到底谁大？海德格尔说，天大、地大、神大。这差不多是中国道家的思法了。首先，海德格尔在世界的四个基本元素——"四重整体"（Geviert）——中，把人设为其中之一，所谓"天、地、人、神""四方"或"四元"（das Vier）之一；在这"四方"中，只有人是一个要死的东西，是"短命鬼"。其次，在人与自然（存在、本有）的关系上，海德格尔把人设为服从者、响应者、被占有者、被规定者。这样一来，人怎么存在，人类文化怎么产生出来，都需要有一个重解。比如说到真理，海德格尔就说，真理（aletheia［无蔽］）不是人事，而是天事；说到语言，海德格尔就说，根本的语言不是人言，而是天言（道说）。若此，人就被放到了一个较低的谦卑的位置上了。

这时候，思想或者哲学的焦点问题，就在于怎么让人放下身段，放弃用知识和理论的途径，而用虚怀敞开（Offenheit）的心态对待事物，对待比人更强大的东西。人的有限性问题因此就被转变为人如何服从"神秘"、听从"存在"——后期所谓"本有"（Ereignis）——的问题。这当然还是一种"神思"，虽然它在许多方面已经不同于传统宗教的解释路径。

上面我们已经大致说了海德格尔的两种方案，这两种方案都希望为人与自然、人的存在、人的有限性、人怎么承担虚无等问题提供解释。两种方案有一个共同点，即都希望离开传统哲学和科学的途径，另辟蹊径，寻找一种非科学、非理论的道路。前一种方案（所谓"大人"方案）后来被解释为实存主义（存在主义），至于后一种方案（所谓"小人"方案），可谓众说纷纭，我愿意把它叫作"后哲学的哲思"，也是"后神学的神思"。它还是开放的，未定型的。它指向未来——是一种"未来哲学"。它传达的是技术工业时代里一种非科学、非理论的思想要求，而首要地，它要求我们对非科学、非理论的解释可能性和解释空间保持开放姿态。在这一点上，我认为海德格尔的努力是成功的。

二、未来哲学的前景和方向 [1]

进一步，如果从"方法"或"套路"的

---

1. 此节原以《海德格尔的三个思想进展》为题，于2016年11月5日在中国人民大学哲学学院举办的"海德格尔在当代"学术会议上做主题发言。

角度，我们要问：海德格尔的思想对未来哲学有何种启示意义呢？海德格尔为未来哲学开启了何种前景和方向？我曾经把海德格尔在哲学／思想上的"实质性成就"或"重大推进"表述为三个"重构"，即实存—本质关系的重构、思—诗关系的重构、思—信关系的重构。

首先，海德格尔接续了尼采的形而上学批判事业，其核心任务落实于对实存（existence）与本质（essentia）之关系的重构，个中问题却是一个老掉牙的哲学问题：individuum est ineffabile［个体是无法言说的、不可言传的］。个体为何不可言说？原因无非在于，我们的语言能力有限，尤其在哲学和科学占上风的文化中，我们的言说习惯于运用公共的、普遍的语言，这就有掩盖和扭曲个体的风险。另外一个原因在于个体本身，个体是非同一的，是差异化的，是不断变化和生成着的，因而是变动不居的，你一说 A，A 就已经是非 A 了。亚里士多德是个体哲学的开创者，但他很清楚，要说个体，还得动用普遍范畴，得用"十范畴"来描述这个"个体"的"在场"。在早期弗莱堡时期，海德格尔对亚里士多德哲学用力甚多，相反却很少关注柏拉图哲学，原因就在于：亚里士多德哲学对个体言说问题来说是更有意义的。这时候海德格尔接触了胡塞尔现象学，从此真正踏上哲思之路。以我的理解，由胡塞尔开创的现象学哲学的根本意义在于，它把以往认为抽象的、疏离于我们生活世界和生活感受的观念领域当下直接化了，使之成为生动的、温热的、当下发生的、随时可启动的。好比我们在今天这个语境下讨论，是可以立即直接发起关于任何抽象本质（观念）的讨论的，无须任何"中介"。这就有可能把超感性的本质世界与感性的生活世界之间的区隔拆除掉。现象学"本质直观"的这种直接性给海德格尔很大的刺激，让他首先在 20 年代初（早期弗莱堡讲座），借助于胡塞尔现象学方法，在对亚里士多德哲学的阐释中形成了所谓"形式显示的现象学"。其核心问题正是：如何思与言动态的不确定的个体及其存在，即个体生命及其生活世界？

进一步的问题是：这种非形式化的个体言说如何获得普遍意义？这是一个令海德格尔十分困惑和纠结的问题。海德格尔给出的两个边界是：1.纯私人的个体言说无意义，也无可能；2.理论的（主流传统哲学和科学的）个体言说未触及和激发个体生命及其生活世界，反而导致"脱弃生命"

（Entlebung）[1]。实存哲学 / 实存主义须守住这两个"边界"，或者说不得不介于这两者之间。当海德格尔说"此在"（Dasein）的本质是"实存"（Existenz）时，他说的是：个体性的此在的普遍意义（形式意义）表现在实存结构中。在《存在与时间》中，他也把这种普遍意义或者"形式的东西"称为"本质性的结构"："我们就日常状态清理出来的不应是任意的和偶然的结构，而应该是本质性的结构；这种本质性的结构在实际此在的任何存在方式中都保持自身为规定着存在的结构。"[2]

现在我们看到，在 1930 年前，海德格

---

1. 这时候的海德格尔还喜欢在肯定意义上使用"体验"（Erleben、Erlebnis）一词，而所谓"脱弃生命"明显是与"体验"相对立的。
2. 海德格尔：《存在与时间》，第 20 页（译文有异）。

尔的实存哲学受现象学的激发，试图改造旧哲学和旧哲学词语，但仍旧动用了旧哲学的话语，形成了一套在他看来指向此在实际生命、有可能显示此在实际处境，并且对此在生命具有实行诉求的实存论思想词语，从而达到了个体分析和言说的顶峰，实即实存论沉思和言说的顶峰。这样一种努力，在我看来也可以被视为对"实存与本质"这一形而上学基本关系的重构。

其次是思与诗关系的重构，也可以表达为哲学与文艺／艺术关系的重构。思—诗关系或哲—艺关系是一个更容易被轻佻地讨论和处理的问题，也是海德格尔经常被诟病的一点。若哲学要搞成文艺的样子，或者要像文艺这样来搞，那还是哲学吗？那还要哲学吗？记得多年前在北京，我被两位做分析哲学的学者纠缠不休地追问，他们逼问我：哲学被用于解释诗歌，像海德格尔做的荷尔德林诗的解释，那么我们何苦去读他的解释？我们不是更应该直接去读荷尔德林的诗歌吗？我玩笑道：对呀，但要是没他的解释，没人直接去读荷尔德林的诗啊。确实，荷尔德林被埋没了好久，正是像狄尔泰、海德格尔这样的哲学家的解释，才让这位诗人及其诗歌重启生机。

在这件事上，我认为我们必须从文化大局着眼来看海德格尔这方面的努力。海德格尔的基本想法是：1.本质主义/柏拉图主义的哲学主流传统已致"知识冲动"失控（尼采语），在哲学—科学时代里，思—诗、哲学—艺术关系蒙受扭曲和异化，致使人类文化（欧洲文化）轻重失度；2.形而上学的完成意味着人类文化进入后哲学—后宗教时代，而其中的核心文化主题正是思—诗（哲学—

艺术）关系的重构；3.这种重构意味着唤起一种后主体主义或非主体主义的思—诗行动和思—诗关系（这个时候海德格尔把思—诗了解为人言应合语言本身的方式），也意味着思—诗两者之间的一种二重性（差异化区分）的关系；4.在此形势下，最艰难的课题恐怕是如何确认和维持思的严格性品质，思想毕竟不是文艺，思想的严格性如果不是逻辑的严格性，那么它是什么？

再就是思—信关系的重构，也就是哲学—宗教（神学）关系的重构。海德格尔前期把神学定位为一门实存论意义上的"实证科学"，指出哲学与宗教相互"调校"的关系；而在后期思想中，海德格尔一方面完成了对传统哲学—神学关系的批判，从形而上学的问题结构和"超越"（Transzendenz）方向的角度，把神学规定为与存在学（本体论）的"先验—

形式追问"相区分的"超验—实存追问";另一方面又在其"本有"之思中重启后神学的神性之思。这方面的工作,我曾经围绕《哲学论稿(从本有而来)》"最后的上帝"一节,把它描述为"具有神性指向的期待之思"。

我认为,思—信关系的重构,是后期海德格尔"本有"之思的重点和难点。海德格尔明言:"最后的上帝/最后之神"既不是"曾在的诸神",也不是"基督教的上帝",而是与这两者相对立的。[1]失神的思想更接近于神性,更能向"上帝"开放。那么,这个"最后的上帝"是什么?又是何方"神圣"呀?我们恐怕还只能猜度:1.海德格尔肯定"神性/神圣"维度的永存,所谓"本有"居有人,所谓"天、地、神、人",都是

---

1. 参看海德格尔:《哲学论稿(从本有而来)》,第481页。

对此维度的描绘；2.海德格尔认为神圣维度的显现并不取决于人的积极行动，更不在于主体性，但需要人的准备，所谓"返回""期待""等待""泰然任之"等表达都含有这样一种指向；3.可以预期未来的"神性"是世界的，而不是单体民族国家和种族的，自然也不是对诸民族传统宗教"神性"的简单恢复。

我以为，上面讲的海德格尔的三个重构已经为未来哲学做了全面规划。总结起来，我们可以指出如下几点：1.未来哲学具有实存论的起点。这是后哲学和后宗教的人类文化状态所要求的，也是19世纪中期以来的传统文化批判的成果。而当我们说实存论的个体思与言是未来哲学的起点时，它同样意味着本质主义—普遍主义（也意味着西方中心主义）的破产。2.未来哲学具有艺术性。未来哲学既以将来—可能性为指向，也就必然是未来艺术，或者说，哲学必然要与艺术联姻，结成一种遥相呼应、意气相投的关系。在此意义上，未来哲学必定是创造性的或艺术性的，就如同未来艺术必定具有哲学性一样。3. 未来哲学要协助唤醒一种神性敬畏。在一个后宗教的时代里，心灵的神圣之维依然留存，我们依然需要一种"后神学的神思"。[1]

三、未来哲学的可能形态：技术—生命—艺术的哲学

无论是海德格尔从前期的"大人"方案转向后期的"小人"方案，还是他对实存—

---

1. 参看孙周兴：《后神学的神思》，载《世界哲学》，2010 年第 2 期。

本质关系、思—诗关系、思—信关系的三个重构，一方面都可以被理解为海德格尔对尼采所揭示的"虚无主义"问题的回应和解答尝试，另一方面都隐含着海德格尔对现代技术世界和技术困境的深度思考。

海德格尔的技术之思出于两个基本动因：一是对西方形而上学哲学史的解构；二是对当今人类生活世界状况的洞察。海德格尔的哲学传统批判工作的基本结论是：哲学—科学—技术—工业—商业体系已经获得历史性展开和全球性完成，而人（今天是全人类）已经落入技术圈套之中了。着眼于今天的人类生活状况，海德格尔看到了现代技术无所不在的支配性和控制性力量，技术已经成为现代文明最核心的驱动力，而且，人类已经从通过技术加工自然进展到通过技术加工人类自身，也即开始加工人类的身体自然了。

海德格尔未能看到基因工程等生物技术的全面进展，但在 20 世纪 50 年代的一篇文章中，他就预言了这一点。[1]

人类原是自然的一部分，生于自然而归于自然，就像花开花落，自然而然；现在，现代技术把人类与自然隔离开来了，我们已经完全不能接"地气"了。海德格尔对此是有深切感受的，甚至于产生了一种对于"无根"（即去自然化）的恐惧感。在 20 世纪 60 年代的一次访谈中，海德格尔说：当他看到美国人从月球上拍摄的地球的照片时，他竟有一种恐惧感，感觉人类已经被"连根拔起"[2]了——这话

1. 参看海德格尔：《形而上学之克服》，载海德格尔：《演讲与论文集》，孙周兴译，商务印书馆，2018 年，第 101 页。
2. 海德格尔：《讲话与生平证词》，孙周兴等译，商务印书馆，2018 年，第 798 页。

现在不免让人笑话。如今登上月球，大家有的只是喜悦和欢呼，哪里还会有"去根"的感受呢？

在海德格尔看来，现代技术已经疏远于技术的原初含义，即古希腊的 techne 的原初含义。首先，古希腊的 techne［技艺］的原始意义是"精通"，是"精于此道"，是指向操作、实践的"知道"（Wissen），它虽然也是一种"知"，但这种"知"与 episteme 意义上的"知识"或"科学"是有区别的。相应地，所谓的 technikos 也不只是工匠或艺术家，而是一般地指有所精通的"高手"。其次，古希腊的 techne 是"技"与"艺"不分的，当时也还没有工匠与艺术家之职业分别。再者，古希腊的 techne 体现了人与自然的亲和性，当时所谓的"模仿"，根本上乃是一种"应合"，传达的是一种敬重自然的人生观和一种以和谐为重的自然观。

现代技术（Technik）则完全变了样，是与古代技术大有区别的。关于现代技术，海德格尔大致形成了如下几个基本想法：1. 现代技术具有形而上学的基础，是形而上学本质的展现，尤其是以近代主体性形而上学为前提的；要是没有主体性形而上学的观念前提，现代技术的出现还是无法设想的。2. 现代技术已经与艺术分道扬镳了，虽然艺术也并非不受现代技术的影响。职业艺术家的出现当然也是这一进程的后果之一。3. 在现代技术中达到了一种形式性与实验性的结合，即形式科学与实验科学的结合，从而区别于古代的 techne。这是近代之初发生的大事。数学的形式性就不用说了，物理学的基本概念（质点、力、加速度等）都是完全形式的规定。在今天，几乎全部自然科学和工程技

术都以形式化 / 数据化为准则和目标，舍此便不成"学"了。而问题在于：完全形式的东西怎么可能被实质化？普遍数理的形式科学是如何可能被实验化，或者说被转化为实验科学的？这些似乎还是哲学史和科学史上未解的课题。4. 现代技术体现了人对自然的暴力关系。在近代形而上学中确立起来的主体—客体对立的对象性思维方式本身已经是一种强制姿态。以此为基础的科学（知识）的事物探究越来越成为基本的，甚至是唯一的，技术成为人类控制自然，到最后也控制自身的支配性力量。[1]

我们知道，海德格尔用自创或者说改

---

1. 更详细的讨论可参看孙周兴：《现代技术与人类未来》第 2 节，载孙周兴主编：《未来哲学》第一辑，商务印书馆，2019 年，第 65 页以下；《人类世的哲学》第二编第二章。

造的一个德文词语 Ge-stell 来规定现代技术的本质。已故学者熊伟把这个 Ge-stell 译为"座架",流传甚广,也有意思。我把它译为"集置",完全是一个基于字面的翻译,因为该词前缀 Ge- 就是"集",而词根 stell 就是"置"。什么意思呢?我想此词虽然令人费解,但我们也未必要把它想得很玄乎,它其实也没有人们描述的那么玄乎。海德格尔的意思是,现代技术已经成为人全面"置弄"事物的方式,比如在观念层面上,人要"置"事物为"对象",这就是哲学上讲的"表象"(Vorstellen)——我们已经耳熟能详的"表象"这个译名并不合乎字面义,德语 Vorstellen 的字面意思是"置于面前",因此我们似乎更应该把它译成"置象";在生产上,人要"置造/制造"(Herstellen)事物;又比如,在某处发现了一块新油田或者新矿床，但我们现在还开采不了，技术手段还不够，不过以后迟早是要开采的，于是我们已经预先把它掌握了，已经把它"置订 / 订置"（Bestellen）了。凡此种种，都是"置"（stellen）的方式，合在一起就是"集置"了。海德格尔以"集置"来表示现代技术的本质，按照我的理解，意思就是事物都被技术人所"置弄"和"摆置"了，而全人类都已经进入这种"置弄"和"摆置"活动中了。[1]

当代世界的基本面是由现代技术决定的。我们的日常生活、我们的心思和身体、我们的社会组织和治理方式，眼下都被技

---

1. 好比说南极的企鹅，仿佛还没被技术"置弄"呢，但其实，在企鹅身上也已经发现了大量的环境激素，只不过这个量比内陆的人类和动物少一些。你能说企鹅没有被技术"置弄"吗？

术控制了，都被技术化了。而且，技术问题不再是一个区域性的问题，而是所谓的全球性问题了。现代技术成了今天全人类最大的福祉，也成了人类最大的患难和危险，成了人类整体的"命数"。海德格尔所思的"集置"是从存在/存有历史的角度对现代技术之本质的规定，同样传达了人类被技术所"置"而进入技术统治之危险的状态。

就现代技术对人类生活世界的重塑和改造而言，20世纪出现的技术首先要数我所谓的"三大件"，即飞机、电视和计算机（互联网），它们深刻地改变了人类日常生活和经验方式。在这"三大件"中，除了计算机网络，海德格尔经历了前两者（飞机和电视）。而就我所谓的现代技术"四大风险"——核能核武、环境激素、基因工程和智能技术——

而言，海德格尔同样未能经历全部，恐怕也未能完全设想现代技术的不断加速度的进展，但毫无疑问，海德格尔已经敏感地洞察到了两点：一是现代技术的统治地位的不可动摇性，二是人类身体进入技术化（非自然化）和人类心灵进入技术化（计算化）的必然趋势。

所谓技术的统治地位，我也把它表达为：技术统治压倒了政治统治。实际上，当尼采宣告"上帝死了"，即传统哲学和宗教衰落时，他已经表明了传统政治统治时代的终结。政治统治是自然人类约2500年"文明社会"的基本统治方式，其核心的组织力量是哲学和宗教（哲学偏于制度，而宗教重于心性）。尼采的先知先觉在于，他预感到了这个以哲学—宗教为主体的自然人类精神表达系统的衰落。而真正地确立技术的绝对统治地位，恐怕要到 20 世纪的第二次世界大战结束之际，即日本广岛原子弹爆炸。原子弹以其绝对的暴力宣告了一个"转折点"的到来，即技术工业全面获胜、技术文明得以真正确立的转折点。海德格尔以隐蔽的方式把它描述为"存在历史"的"转向"。

我们已经看到，核能核弹还只是现代技术的极端风险之一，虽然它是最直接、最显露、最具暴力摧毁性的力量。而其他三个风险要素就要隐蔽得多。主要由化工产品和药物造成的环境激素，通过水和气的全球流通，已经使整个地球成了污染球，正在整体上摧毁包括人类在内的动物的自然繁殖能力，而且呈现出不断加速的趋势。人类自然力的崩溃已是指日可待。然而，基因工程却不断告诉我们人类自然寿命的技术性延长的可能性，在不远的将来，基因工程将对人类自然生命进行彻底的加工改造，人类将活得更长久。一方面是人类自然力的急剧下降，另一方面是人类寿命不断延长的可能性，两者看似矛盾，但其实都缘于技术化，都是自然人类身体的去自然化（技术化）的同一进程的表现。

在人类精神和思维方面，我们面临的是更为显赫惊人的人工智能（机器人）的发展，在我看来其实就是精神／心灵的非自然化或技术化（算法化）。在人工智能的三个等级中，今天的技术水平大概只处于从"弱人工智能"（Artificial Narrow Intelligence，简称 ANI）到"强人工智能"（Artificial General Intelligence，简称 AGI）的发展阶段，根本还没有到"超人工智能"（Artificial Superintelligence，简称 ASI）的等级，但已经引发了不无恐慌的争论，争论的焦点在于人—机关系，即到底是人—机共生还是人—机对立。悲观者如已故物理学家霍金，他预言人类还有一百年，终将亡于机器人；另一个悲观派巴拉特把智能技术称为"人类最后的发明"，并且认为灾难已不可免除。

总而言之，在上述四大高风险技术要素的规定下，人类已进入身心两方面的去自然化（非自然化）和技术化（计算化）的进程之中了。人类需要重新定义自己（人类恐怕正在变成我所谓的"类人"）；人类的生命形态、生命本性、生命结构、生命意义都需要重新规划。对于正在到来或者说即将到来的史无前例的剧变，人类尚未做好准备，这时候光有科学技术专家已经不行了，需要各方势力的介入，尤其需要哲学家和思想家出场。

但哲学能做什么？未来哲学能做些

什么？未来哲学可能具有何种形态？我们尚不得而知，大概只能做一些想象和预感：

其一，在从人类向"类人"[1]、从"自然人"到"技术人"的转变和过渡中，技术哲学将是未来的"第一哲学"（prima philosophia）[2]。不断衰落的传统哲学和传统宗教是自然人类的精神状态的表达和需要，而现在它们已经不再能对新的文化和新的现实发挥有效的构造作用和组织力量了，未来新哲学（思想）面对的是由现代技术所规定的文化和生活现实，所以首先必然是一种技术哲学。

---

1. "类人"是我对未来人类（技术人类）的一个暂时命名，或者也可称之为"技术人"。可参看孙周兴：《技术统治与类人文明》，载《开放时代》，2018年第6期；《人类世的哲学》第二编第一章。
2. 更应该说，未来的"第一哲学"是技术哲学—生命哲学—艺术哲学的合成。

其二，面对自然人类生命本体的颓败、类人生命（技术人、硅基生命[1]）的产生，未来哲学要担当起新生命规定和规划的任务，成为一种生命哲学。生物技术（基因工程）的快速发展已经让人产生了对未来生命的可能方向和形态的普遍担忧。当生命本身成为一种技术和技术对象，而技术有可能失去人类的控制时，这种担忧是不言自明的。另一方面，人类生命在未来实现长生以后，生命的规定、意义、方向、节律和生活世界经验及其尺度，都需要根本性的改造和重建。我愿意说，这属于未来生命哲学的

1.《未来简史》一书的作者赫拉利预言："在未来，硅基将取代碳基成为主要的生命形式，这将是有生命以来出现的第一次重大变局。"赫拉利：《人工智能会最终消灭人类吗？》，系作者 2017 年 7 月 6 日在中信出版集团举办的首届"X World"大会上的报告。

任务。

其三，未来的类人社会如果还有个体化的问题，将需要一种艺术哲学。在未来技术世界中，个体有可能被极度放大，在虚拟空间中被平均化、同质化和形式化（数据化），但因此也可能被极度缩小，被缩小成一个没有任何实质的绝对孤独的点。抵抗技术同一性制度的强制，保卫个体存在的意义和自由，将是未来艺术哲学的使命。

其四，未来哲学首要的和根本的课题或许在于：如何提升全球政治共商机制，以节制或平衡现代技术的全面统治和加速进展？前述的技术哲学—生命哲学—艺术哲学都将服从于这一基本课题，旨在形成一种适合未来类人社会（技术人类社会）的"大政治"（全球类人政治）。

四、未来才是哲思的准星

作为结语，我想最后提出三个问题：1.如何理解"技术统治"？我所谓的"技术统治压倒了政治统治"到底意味着什么？是要鼓吹一种技术决定论吗？ 2.什么是恰当的面对技术的姿态？如何既避免技术乐观主义又避免技术悲观主义？ 3.在今天由技术支配的文明现实中，哲学如何启思？未来哲学何为？还能何为？

这是三个一直令我困惑的难题。在此我并不试图解答，而只能提出问题，并且联系海德格尔思想来谈些看法。

问题一：如何理解"技术统治"？我们说后期海德格尔提出了一个"小人"方案，这个方案的形成显然是跟他的技术之思相关的。海德格尔是从"存在历史"的大视野出发来思考现代技术的，并且把现代技术看作"存在历史"的"命运"（Geschick）。这种命运感是一种宿命论吗？海德格尔承认现代技术的支配性地位——我把它发挥为"技术统治压倒了政治统治"——这时候，他是在主张一种"技术决定论"吗？

毋庸讳言，后期海德格尔显露出一种对技术世界的深度的无力感。当他说"只还有一个上帝能拯救我们"，当他讨论"集置""危险"与"转向"时，他显然认为，在今天的世界文明中还看不到有哪一种力量，哪一种文明势力或文化元素，能够抵抗现代技术，能够对已经占领全球的技术工业的加速运行起到节制、平衡的作用，或者哪怕是起到减速缓解的作用。今天的情况也还是如此。世界上一些古老的非欧文明被卷入技术工业后，在短短几十年间被迅速地摧毁，几乎没有还手之力。在这样一种无力抵抗的情况下，我们自然也就失去了把握未来和预言未来的能力。今天主要由技术专家提供的一些关于人类和文明未来的预测，经常处于相互矛盾的乱象中，令人无法采信。人文学者的思考更趋乏力，发不出有力的声音。还有，人文学者与科技专家之间的相互猜疑和怀疑，已经到了前所未有的地步。这些都是令人泄气的实情。

问题二：如何面对技术世界？什么是恰当的面对技术的姿态？这在今天是摆在每个人面前的严肃问题。你不得不采取一种姿态，是积极拥抱技术还是反技术？流行的姿态是技术乐观主义与技术悲观主义。人文学者，包括海德格尔在内，多少都会流露出一点悲观哀怨的情调。但我认为，海德格尔总的来说属于中间派，还是采取了一种"中道"的态度，那就是他所谓的既说"是"又说"不"

的"泰然任之"。[1]我们已经在现代技术的"集置"力量中难以脱身了，这时候，我们对技术难以简单地表态，无法直接说"是"或者"不是"，"好"或者"不好"。我们分明看到了现代技术带来的各种负面因素，甚至看到了技术时代里作为物种的人类正在面临的灭顶之灾，于是不好意思简单地肯定技术；而另一方面，反技术的立场终究也会有问题，会让人感到虚情假意，你一边利用着技术成果，一边责骂着技术，不假吗？

当年海德格尔自己不开车，但坐他夫人开的车；他自己家里没有电视机，但经常到邻居家里看足球比赛节目。所以他比较聪明，主张对技术说"是"又说"不"。如果他干脆

---

1. 我认为可以把海德格尔以"泰然任之"为标识的技术姿态称为"技术命运论"。参看孙周兴：《人类世的哲学》第二编第三章"海德格尔与技术命运论"。

说要反技术，不就太假了吗？当然，对于海德格尔所讲的"泰然任之"，我们还不能做过于简单的理解。它在字面上的意思就是英文的 let be，用中文讲就是让它去吧。如果这样理解就还太简单了。它的第一层意思确实是要冷静、不要慌乱——都这样了，慌有何用？进一步，"泰然任之"还指向对事物，包括对技术对象的态度，就是对事物要从容、宽厚些，不要太急色、太欲求、太挑衅。海德格尔这里传达出来的姿态固然含有一点点无奈，但要不然又能如何？

问题三：未来哲学何为？这又是一个难题，也是从今天的思想和学术处境发起的问题。我之所以要从尼采哲学和海德格尔思想出发讨论"未来哲学"这个课题，其实是要突出地强调"未来哲学"这个主题（正如我们前面说的，尼采对此主题语焉不详，而海德格尔则只谈后哲学的"思想"),是因为我们看到今日学界无所适从的乱象。国内当前复古思潮日盛,古典主义和保守主义成了文化讨论的强势声音,国际形势似乎也朝着有利于保守主义和民族主义(地方主义)的方向演变。然而,无论中外,"复古"永远只是一种由文人虚构和幻想的"乐园假设",即假设从前有过"乐园",后来"失乐园",现在我们要"复乐园"。甚至早期尼采(在《悲剧的诞生》时期)都没有摆脱这个传统,海德格尔的早期希腊之思也给人如此印象。但这种乐园情结无疑是无力的和颓废的。"乐园假设"意义上的"复古"只可能成为文人的自恋,而不可能反映现实,指向未来。

未来哲学何为?未来哲学当然具有历史性的维度,甚至还需要像海德格尔主张的那样实行"返回步伐",但它绝不是古风主义的，更不是怀乡病和复辟狂，而是一种由未来筹划与可能性期望牵引和发动起来的当下当代之思。直而言之，"古今之争"绝不能成为未来哲学的纠缠和羁绊。在19世纪后半叶以来渐成主流的现代实存哲学路线中，我们看到传统的线性时间意识和与此相关的科学进步意识已经被消解掉了，尼采的"瞬间"轮回观和海德格尔的"将来/未来"时间性分析都向我们昭示了一种循环复现的"实存时间"和创造性的"时机时间"——我称之为"圆性时间"，它是一种非物理的、非线性流变的、关乎人类创造性事务的时间，因其"圆性"，是为空间化的时间，是海德格尔后期所谓的"时—空"（Zeit-Raum）。它不是现成性的时间，而是可能性—未来性的时间，这也就为未来哲学给出了一个基本的时间性定位：未来才是哲思的准星。

附录

哲学为何是未来的？[1]

本次访谈围绕作者近几年提出的"未来哲学"主题展开。作者阐述了未来哲学的总任务及其基本主题。在分析具有未来哲学之思的三位哲学家马克思、尼采与海德格尔的思想的基础上，作者指出，三位大哲都意识到了人类文明从

---

1. 本文系作者接受同济大学张振华博士的采访（2021年9月21日），采访稿发表时立题为《哲学的未来转向》，载王中江编：《哲学中国》第一辑，中国社会科学出版社，2021年，第214页以下。

142

自然人类文明向技术人类文明的转换，虽然如今科技迭代，但他们揭示的时代背后的技术—资本逻辑对于我们今天的技术世界依然成立，这其实也是未来哲学所面对的重要思想背景。与此相关，作者在访谈中还探讨了"人类世"概念、未来哲学在面对当代问题时的思想可能性，以及艺术与哲学的关系等问题。面对现代技术，作者总体上赞同一种"积极的虚无主义"的思想姿态。

张振华：您常常提到一件事的时机（kairos），即由众多因素的集合而在某个恰当的瞬间突然产生的想法或发生的事情，典型如尼采的"相同者的永恒轮回"思想的获得。那么，您近几年提出的"未来哲学"是否有特殊的时机和契机？或者说，提出这一思想的背景是什么？

孙周兴: 我在讨论尼采的"相同者的永恒轮回"思想时,提到过希腊的时间概念kairos,可以把它译为"时机、契机",其实是"做事"的时间,"行动"的时间。古希腊人十分聪明,他们区分了"物的时间"与"事的时间",前者是物理的时间观,即亚里士多德讲的"运动的计量",而后者则是人类行动的时间,做事的时间,创造的时间,也可以说是艺术的时间。这是完全不同的两种时间经验。我们在世上生活,我们行动,我们做事,我们创造,都有一个"契机",就像你说的尼采"相同者的永恒轮回"思想的产生,就有一个莫名其妙的"契机"。当时尼采在阿尔卑斯山上的一个湖边散步,突然脑海中产生一个"伟大的思想",即"相同者的永恒轮回",他极为兴奋,赶紧把它记了下来。

我们平常做事、创造也会有这样的经验。

你说得没错，"未来哲学"概念对我来说也有一个"契机"。几年前我承担一个科研项目"晚期尼采哲学研究"，需要完成的任务有两项：一是翻译尼采后期未完成的"代表作"《权力意志》，上下卷，约100万汉字；二是写一本关于尼采后期哲学的著作。第一项任务早就完成了，在商务印书馆出版了；第二项任务经过多年准备，也写了十几万字，却迟迟不能提交，主要是没有令自己十分满意的主旨和结构，而且关键在于主旨缺失，因为没有"主旨"，自然也难以"结构"。有一天，记得当时住在绍兴老家的永和庄园酒店，吃了早餐在外面山边走，突然冒出一个书名《未来哲学序曲》和三个概念"虚无""谎言""生命"，回到房间就把一本书"结构"起来了。这本书写得不够精致，但我做了一个"结构"，或者说，对尼采哲学做了一个结构性的理解和阐释。这估计是这本书唯一的优长了。

这大概是我重提未来哲学的"契机"。其实它也不是我原创的概念。我们知道康德就有"未来形而上学"的说法，虽然不是在现代哲学意义上提的；费尔巴哈则明确地提出"未来哲学"；而尼采本人把"一种未来哲学的序曲"设为晚期重要著作《善恶的彼岸》的副标题。所以，我这本所谓尼采研究著作的书名，本来就是直接引自尼采的。在翻译《权力意志》遗稿的过程中，我也注意到尼采本人经常使用"未来哲学"概念，他是不免犹豫的，他这时候想写一本严肃的"哲学大书"，但在好几个题目（书名）之间拿不定主意，其中就有"未来哲学"这个标题。

张振华：您如何界定未来哲学的主要任务，又对未来哲学有何展望？

孙周兴：海德格尔在 20 世纪 60 年代去法国做过一个著名演讲，题为《哲学的终结与思想的任务》。在此演讲中，海德格尔对"哲学"与"思想"做了一次切割，"哲学"的本质是形而上学，是由传统存在学／本体论（ontologia）与神学（theologia）组成的超越性（Transzendenz）机制；而"思想"则是后形而上学的或非形而上学的。海德格尔说"哲学的终结"不是哲学完蛋了，不起作用了，而倒是哲学"完成"了，哲学发挥出它的极端可能性了，即哲学通过科学—技术—工业—商业体系在全球范围内得到了实现。且不论海德格尔说的哲学—科学—技术—工业—商业逻辑是不是成立，我们不得不承认他做的这种切割是十分机智的。至于技术统治时代后形而上学的思想的任务，海德格尔在此报告中以隐晦的方式把它与古希腊的"真理 / 无蔽"（Aletheia）联系起来，似乎含有一个意图，就是要拓宽"真理"概念，并且在"二重性"（Zwiefalt）意义上设想思想的策略。

我在《人类世的哲学》一书中把未来哲学的总任务设定为"新生活世界经验的重建"。这个表述当然是比较含糊的，在"如何重建生活世界经验？"一章中，我也进行了细分，列出如下四点：一是重建世界信念，二是重建世界理解，三是重新理解生活的意义，四是发动一种新的时空经验。我这里就不再重述了，有兴趣的读者可以参看。[1] 需要说明的是，所谓"新生活世界"，我指的是技术统治的新文明世界，也可称为"技术人类

---

1. 参看《人类世的哲学》。在拙文《当代哲学的处境与任务》中也有较详细的描写。

生活世界"，区别于传统的"自然人类生活世界"。已经生成或者说还在生成中的"技术人类生活世界"当然需要新的经验，也需要有新的经验尺度，而传统人文科学（宗教、哲学和艺术）对此的贡献是越来越贫弱了。

我们也可以从主题角度来了解未来哲学的任务。这个话题我已经在多处讲过，这里也只能简述一下。我认为未来哲学的第一个主题无疑是技术，因为现代技术已成为新文明世界的最大势力，人类已经进入技术统治之中。地质学上之所以把 1945 年设为地质新世代"人类世"的开端，是因为原子弹的爆炸把近两个世纪技术工业成果的累积效应彻底彰显出来了，人类通过技术工业已经可以改变地球了。技术成为未来哲学的头等大事。与此相关的是生命主题，未来哲学必须成为"生命哲学"，因为在技术工业的宰治下，自然人类无论在身体方面还是在精神方面都进入了尼采所谓的"颓废"状态，自然生命无可挽回的衰败与技术化生命（数字虚拟存在）的进程，是未来哲学必须面对的课题。最后一个主题是自由，技术工业一方面为人类提供了前所未有的可交往性，即马克思讲的"普遍交往"，从而大幅增加了个人自由，而另一方面，技术的同质化力量却又构成对个人自由的伤害，今天在制度层面上越来越严重的量化管理方式就是明证，更不用说互联网大数据对个体的全面监控，正在把人们逼入一个"数字集中营"。因此，如何保卫个体自由？对这个问题的回应恐怕是未来哲学和未来艺术的使命之一，尤其是战后兴起的当代艺术，已经对此做出了反应。技术、生命、自由是未来哲学的基本主题，而技术哲学、生命哲学和艺术哲学将成为未来哲学的基本表现方式。

张振华：在未来哲学的一系列思考中，您提到的思想资源有马克思、尼采和海德格尔，是否主要是这三位哲学家？为什么是这三位哲学家？

孙周兴：我在《人类世的哲学》第一编中主要讨论了三位19世纪中期至20世纪的哲学家，即马克思、尼采、海德格尔，每位哲学家各有一章，分别论述他们的未来哲学之思。[1]有未来之思的哲学家当然不只这三位，比如说比马克思更早些的费尔巴哈，著有《未来哲学原理》(1843)；20世纪的未来哲学家就更多了，既有现象学—实存哲学—解释学/阐释学一线的哲人，也有法国当代理论哲学家。但我为何只提这三位哲学家？

---

1. 即本书正文三章。

因为这三位是 19 世纪中期以来最具全局意识，也最有全球影响力的现代性大哲。哲学史上有名有姓的哲学家太多了，我们不可能关注全部，而只需或者说首先要关注那些高峰哲人，特别是那些在思想史上具有重大转折意义的大思想家。如果这样来想，我认为西方哲学史上真正值得我们深入研讨的哲学家也就十人左右，而无论我们怎样排列，马克思、尼采和海德格尔这三位现代大哲都在其中。抓重点，轻装上阵，应该是当代哲思的正确姿态。

你知道我最初是从事海德格尔翻译和研究的，后来转向了尼采哲学，其实我在硕士研究生阶段还读了不少马克思的哲学著作，特别是他的早期著作。这三位大哲对传统有一致的看法，都开展了柏拉图主义批判，试图对欧洲主流哲学传统做一个切割，他们显然都意识到了一个文明大变局，即从自然人类文明向技术人类文明的转换，他们的哲思又是各有所重的，马克思主要侧重于政治经济批判，尼采主要侧重于文化批判，而海德格尔则重在思想批判，但显然，技术与文明的现代性主题都构成这三位哲学家的核心课题。

张振华：马克思、尼采和海德格尔并未遭遇数字化革命，对他们而言，互联网、虚拟化、大数据、人工智能等现代现象是陌生的。那么，面对最新的技术迭代，他们的思想是否仍然有效呢？

孙周兴：对，上面讲的三位哲学家都没有经历我们今天的技术世界，连 1976 年去世的海德格尔都没有经历人工智能和生物技术，更不消说离开这个世界快一个半世纪的马克思和一个多世纪的尼采了。马克思还在大机器生产时期，尼采生前虽然电灯已经被发明出来了，但他未必就用上了。20世纪日常技术"三大件"，即飞机、电视、电脑互联网技术，马克思和尼采都没遇到，死于1976年的海德格尔也只经历了前两项。总之，按目前的分法，这三位德国哲学家都不是所谓"工业4.0"即"智能化时代"的人，马克思还在工业1.0即蒸汽机时代，尼采处于工业1.0至工业2.0即蒸汽机时代和电气化时代，而海德格尔则处于工业2.0到工业3.0即信息化时代。技术在推进，时代在变化，那么，你的问题就来了：他们的思想对我们的时代和未来时代还有效吗？

当然，每个个体都是有局限的，大哲学家也不例外。哲学家可能是先知，但谁也不是神仙。比如马克思只是感受到了大机器生产和当时的政治经济社会，他当然不可能知道信息化时代和智能化时代发生的事，他也未能预见20世纪以来技术工业的加速发展和物质财富的快速积累及其效应，使得"无产阶级"概念差不多取得了某种虚假性。然而，马克思看到了技术工业——虽然在当年还是初级的技术工业——导致的自然人类精神价值体系的衰败，他第一个深入研讨了一个以技术和资本为基本逻辑的新文明、新社会机制。这些都是有先见之明的，而且是具有未来性的见解。我们也看到，尼采的"末人"与"超人"概念暗示着将在人类身上发生的技术与自然的二重纠缠，"末人"是被规划、被计算的人，而"超人"的意义在于"忠实于大地"。尼采是凭什么有此预感和猜度的？着实令人惊奇。海德格尔把文明大变局视为"存在历史"的"转向"，对技术工业造成的生活世界变异深感忧戚，但不只是忧心忡忡，更是以沉稳哲思冷静面对技术对象和技术世界，展开了广阔而幽深的探究。海德格尔看到，一个普遍计算和控制的时代已经到来，在20世纪50年代就预言了生物技术特别是基因工程的必然性，认为一个人类自己制造自己、加工自己的时代快到了。所有这些，都是基于思想的力量形成的洞见。

总的来说，虽然技术工业在第二次世界大战后进入加速状态，似乎有一种赶顶之势，但马克思、尼采和海德格尔等哲人从不同角度对于现代技术对人类文明的整体改造及其效应的理解和预见所揭示的现代文明的技术—资本逻辑，依然是成立的。

张振华：您去年出了一本书叫《人类世的哲学》，请您谈谈"人类世"这个概念。

孙周兴：我在多处使用过"人类世"这个地质学概念，倒不是想猎奇，似乎也不是

因为我本科学的是地质学。地质学家提出的
"人类世"概念越来越被多学科所接受，而且
可以预期，它将成为热词进入大众媒体。在
地质学上，人类世指的是新生代第四纪的一
个新世代，在人类世之前是全新世。地质学
的世代区分靠的是扎实可靠的地层证据，没
有证据便不成立。地质学家已经发现了大量
的证据，包括放射性元素激增、化工产品残
留、巨量混凝土、生物大规模灭绝，等等，
都表明人类技术性活动已经影响到了地球本
身的存在和活动。地质学家之所以把1945年
设为人类世的开端之年，是因为经过技术工
业近两个世纪的累积，地球表层已经被严重
改变了，在地层上留下了明显变化的证据。
有关地质学和地球环境方面的细部情况，我
就不展开说了。关于人类世的种种迹象，现
在我们应该可以看得更清楚了；而且完全可

157

以预计，特别最近几年，全球气候紊乱异常的状况还会持续和加剧。

1945 年 8 月，原子弹在日本爆炸，东亚战场就此打住。第二次世界大战是电气化时代的钢铁工业之战，但终结于威力无比的原子弹。海德格尔的弟子安德斯被吓倒了，从此不再做哲学研究，全心投身反核事业。按照他的说法，原子弹爆炸意味着人类和历史的终结。我们知道尼采早就提出"虚无主义"命题，到安德斯这儿，"虚无主义"成了"绝对虚无主义"。原子弹的极端暴力和大规模灭杀作用已经完全超出了自然人类的想象和认知，让人类终于意识到一点：技术统治时代到了。

"人类世"由此也进入哲学讨论的语境了。尤其是一些德法当代哲学家，比如斯洛特戴克、斯蒂格勒等，开始动用"人类世"

这个原本属于地质学的概念。那么在哲学上，人类世意味着什么呢？我认为，人类世的哲学含义是可以从多个角度作多样表述的，尼采把它叫作"虚无主义"，海德格尔说的是"存在历史"的"另一转向"，要我来说，就是自然人类精神表达体系的衰败与一种人类新文明、一个新世界的诞生——我称之为"技术人类文明"和"技术人类生活世界"。

张振华：这两年改变人们日常生活的大事件是新冠疫情。全球疫苗的普及似乎无法杜绝病毒在人群中的传播，病毒本身也随着时间的推移不断发生变异，放眼全球，疫情的终结好像遥遥无期。那么新冠疫情对未来哲学是否有影响？或者说，在未来哲学的视野中如何看待新冠疫情？

孙周兴：2020 年 3 月底，我写了一篇文章，题为《除了技术，我们还能指望什么?》,讨论当时让人十分恐慌的新冠疫情。[1]这篇文章后来发表在《上海文化》杂志上,在网络上也有比较广泛的传播。当时我同时在修订《人类世的哲学》一书,曾经也想把这篇关于新冠疫情的文章作为附录收入,但出于某种原因未果。在这篇文章中,我主要从技术哲学角度探讨了新冠病毒及其后果,基本想法是:今天的医学技术对新冠病毒束手无策,但为什么我们只能指望技术和技术的可能进步?除此之外,我们还能指望什么呢?在新冠疫情这样的全球性危机面前,我们连对技术乐观主义的批判都难以完成。这真是令人尴尬。

在未来哲学的视野里,如何看待新冠疫情及其他还可能出现的疫情呢?与 20 世纪两

---

1. 原载《上海文化》,2020 年第 4 期。

次大疫情（"西班牙流感"和艾滋病）几千万的死亡人数相比，新冠疫情还算不上最严重的。然而技术越发达，自然人类越脆弱，加上新媒介的助推，本次疫情引发的恐慌可能是前所未有的。病毒是自然生命的基层单位，可以说是生命的母体或原体，但病毒又是生命的凶猛杀手；病毒本身幽深难测，代表着自然的神秘。汉语把 Virus 译为贬义的"病毒"两字，未知起于何时，但似乎也是值得反思的一件事。时至今日，我们对新冠病毒的起源、机理和传播都还没有完全认知，这种病毒到底是技术人造的还是自然发生的，也还争执不止。但无论如何，技术与自然的二重性逻辑有利于我们对疫情及相关问题的探究。在新冠疫情这件全球突发公共卫生事件上，我前面讲的未来哲学的几大主题，特别是技术、生命、自由等，都得到了充分展现，我们不得不反思技术的限度、自然与技术的纠缠、自然生命的本质及它在技术时代的衰败进程、公共性与个体自由，等等。

张振华：伊斯兰文明对现存的世界秩序的挑战进入了人们的视野，而在中国，传统文化和国学的热度正在上升。不同的文明体在未来哲学中处于什么关系之中？

孙周兴：看起来，亨廷顿的文明冲突论已经得到了充分的印证。现如今，伊斯兰文明与西方文明之间、中美之间出现的冲突似乎还不会轻易消停。在全球范围内，地方主义、保守主义、民族主义和种族主义等逆全球化的声音越来越高涨，势力越来越壮大。2020年开始，至今未能被控制的全球新冠疫情更是强化了各国家和各民族之间的屏障和隔离。于是，有人甚至断言，全球化行将败落和终止。我个人对此不表同意，我认为，尽管有各种逆反的声音，尽管新冠疫情引发各种担忧和事实上的交往障碍，但支配今日世界的基本逻辑并未发生改变，这个基本逻辑就是技术和资本的逻辑。只要这个逻辑不变，则技术工业主导的全球化就还不可能逆转。新冠疫情构成种种挑战，但同时也在一定程度上刺激了人工智能大数据技术和基因工程等新技术的发展。

不同文明体之间的对抗和冲突当然有宗教文化、政治意识形态差异的因素，但从未来哲学的角度来看，根本上却是因为诸民族和国家被工业化和技术化的程度差异。举例说，欧洲现在面临的一大难题，就是欧洲白人生育能力和生育意愿大幅下降，而伊斯兰人种和非洲移民却还有较强的生育能力和意愿，于是在不远的将来，会出现外族人口急剧上升的情况，甚至已经有人在讨论欧洲的伊斯兰化问题。这种情况在未来无疑会越来越严重。原因当然是复杂的，但其中的一个根本原因却被忽略和轻视了，那就是：技术工业造成的环境激素导致了地球上雄性动物（不光是人类）的生殖能力大幅下降，因此在强工业化国家，不是人们不想生，根本上是不能生了；而弱工业化民族却受污染较少，这方面的影响相对还比较小。然而，随着全球化的推进，技术工业会把人类各种族之间现有的这种差异消除掉。在此之前，种族之间势必将构成一种人口竞争，混乱是难免的。

就此而言，诸民族不同文明的冲突只是表层，或者说只是结果，深层的逻辑倒是技术工业的逻辑。

张振华：早期尼采有一种文化理想，即科学与艺术（神话）之间的平衡，前者让人冷静、清醒，后者从总体上令意义和视域不断发生。但世界的发展呈现出科技一家独大的态势。在这种形势下，艺术何为？人文何为？

孙周兴：这是个老课题了，也是一道难题。尼采在早期的《悲剧的诞生》中就发动了苏格拉底主义批判，或者叫科学乐观主义批判。"苏格拉底主义"是尼采早期的用法，后来被叫作"柏拉图主义"，终成现代哲学的一般用法。《悲剧的诞生》把苏格拉底主义／科学乐观主义看作悲剧艺术猝死的主要原因，直言之，尼采认为是苏格拉底的理论文化杀死了伟大的悲剧艺术。尼采这个断言大致不差，苏格拉底确实构成一个转折点，即从早期艺术文化向理论文化——哲学和科学文化——的转向，我们也可以表达为从早期说唱文化向书写文化的转变。按尼采之见，你所说的科技一家独大的态势早就开始了。在古希腊已经有了形式科学，而在欧洲近代的科学进程中，来自古希腊的形式科学成了普遍数理范式，进而与实验科学相结合，才生成现代技术工业。

在技术统治时代，艺术何为？人文何为？17世纪意大利的维柯已经有了类似的发问。大机器生产时代的尼采更有此追问。科技发展势头越强盛，这个问题越迫切。有关人文科学边缘化、空心化的讨论成了20世纪以来一个恒久的话题。在今天的高科技时代，人文科学更显颓势，已入绝境。但我以为，"绝处逢生"的说法对今天和未来的人文科学是合适的。我最近有个说法："人的科学的时代到了。"为何这么说？今天的主要技术，人工智能和生物技术（基因工程），都已经成为"人的科学"，即关于人类自身的身心两方面的技术化处理。其实我更愿意把它们称为"人类技术工程"或"人类技术学"。这时候，人文科学——它同样是"人的科学"，但也许更应该被称为"艺术人文学"——就有了重振和勃兴的机会，我的一个说法是，在两类（两门）"人的科学"，即人类技术工程与艺术人文学之间，将形成一场"最后的斗争"。

简言之，在这场"最后的斗争"中，艺术人文学的使命是抵抗，要抵抗越来越加速的技术的普遍同质化—同一化进程，为保卫个体自由和自然人类的尊严作出贡献。

张振华：您这几年的工作重点之一是艺术哲学或者说当代艺术理论。在艺术领域里，您主要关注哪些艺术家？他们有何特点？

孙周兴：我一直在中国美术学院兼任教职，开设有关艺术哲学和艺术现象学方面的课程，已经有好些年了。在我，这也是一个学习的过程。这些年我主要关注第二次世界大战以后的德国当代艺术，所谓"德国新表现主义"，即约瑟夫·博伊斯之后的几位德国艺术家：里希特、吕佩尔茨、巴塞利兹、伊门多夫、基弗等。我组织翻译了博伊斯的《什么是艺术？》和基弗的《艺术在没落中升起》，都收入我主编的《未来艺术丛书》里。这大概是我现在最关注的两位艺术家。博伊斯在我看来是当代艺术的真正开创者，因为他对不可规定的当代艺术做了一些指引性的规定，这就是他所谓的"扩展的艺术概念"。德国在世艺术家安瑟姆·基弗也是我特别感兴趣的，他是当代性和哲学性都很强的艺术家。这两位当代艺术家背后都有一种深厚的哲学，博伊斯背后有一位在哲学史上无名，但在现实事功方面极为成功的所谓"人智学家"鲁道夫·施泰纳，顾名思义，"人智学"

是关于人的智慧学，但实际上在我看来，这就是一种实存哲学，而且具有神秘主义色彩。基弗的思想渊源更加深邃，主要在现象学一线上，既试图发扬胡塞尔的直接性，也继承了海德格尔的神秘之思。在博伊斯和基弗身上，我们看到了一种"哲学艺术"的可能性，作为观念艺术的当代艺术根本上就是一种哲学化的艺术。这就表明，主要在20世纪的文化语境中，过去势不两立的艺术与哲学的关系获得了一次深度重构。我自己正在完成一本关于德国当代艺术的著作，已经准备了好些年，也有十几万字了，但离全部完工估计还得有一年光景。事太多，只好慢慢来。

对国内的当代艺术，我也有一些介入。十几年来，我主持的中国当代艺术家展览应该有二三十个了，尤其是疫情前一年，我和寒碧先生、严善醇先生在上海组织了尚扬、王广义等国内优秀当代艺术家的学术展，对他们这些年在创作和观念上的推进有了进一步的理解和体会。我们还编辑了一本名为《现象》的当代艺术辑刊，主要由寒碧在操持，第一辑最近就可以见书了。我们试图通过将展览和学术研讨相结合，来推动中国当代艺术。

张振华：您这两年集中宣扬尼采的酒神精神，是否有特别的用意？

孙周兴：谈不上宣扬，不过我确实是对此做了一些强调和推广。我编了尼采的两本书，一是《酒神颂歌》，二是《酒神美学》，都已经由商务印书馆出版了，我甚至把尼采的两首诗改编成歌词了，就是《酒神颂歌》和《酒神女友》，前一首已经请两位歌手唱了，孙英男唱的版本已经上了QQ音乐。今年五月，我还在杭州的龙坞茶镇搞了一个

"酒神艺术节"，内容有酒神颂歌艺术展、酒神颂歌实验音乐表演，也有有关酒神文化的学术报告，当然也有酒。只能说我做事比较随性，想到了就去做了，未必有多么远大的图谋和理想。

在学理上，我们知道"酒神精神"或者"狄奥尼索斯精神"是尼采哲学的核心要素，而且是贯穿他一生的著述的。尼采第一本书《悲剧的诞生》说的是"狄奥尼索斯—阿波罗"，似乎要在两种势力之间搞平衡，但他真正要弘扬的是酒神精神；尼采最后一本书《瞧，这个人》的最后一句话是："狄奥尼索斯反被钉十字架的上帝。"在写作上，尼采力推"酒神颂歌"（Dithyrambe），以之为抒情诗的顶峰，并且认为他的代表作《查拉图斯特拉如是说》中的若干篇章就是"酒神颂歌"。要问：尼采为何要以毕生之力推崇"酒神精神"？我这里不能展开讨论，有兴趣的读者可以参看我的《未来哲学序曲——尼采与后形而上学》一书的相关章节。我只想指出一点：尼采的酒神精神基于他对技术工业主导的现代文明的反思，他试图以酒神这种生命暗势力来抵抗技术文明导致的自然人类的弱化和颓废。这一点无论如何是有先见之明的。

所以，所谓酒神精神不是喝酒、论酒那么简单，而毋宁说是一种实存哲学的创造精神，是一种艺术精神。我曾经对酒神精神做了四重规定：一种陶醉的冲动力和自然的迷狂状态；一种抵抗制度与否弃规则的解构精神；一种倾向和回归原始神秘的幽暗势力；一种纵情歌舞和万民同庆的狂欢游戏。集迷醉、解构、幽暗、狂欢于一体，便是酒神精神了。在启蒙理性普照的技术时代里，这个意义上的酒神精神可能构成一种革命性的生命力量，可能正是未来之需。

张振华：海德格尔在《明镜访谈》中留下过一句著名的话："只还有一个上帝能拯救我们。"作为农民出身的思想家，海德格尔对现代技术在内心深处其实是怀有敌意的。您又如何看待技术的福与祸？

孙周兴：我们都知道一点海德格尔的生活境遇和事迹，他一生都生活在德国南部黑森林地区，他的大部分著作是在山上小木屋里写的，他城里的住房也在乡下，他老死在弗莱堡郊区别墅里，可以说，他是远离城市生活的，是避世的、隐藏的。据他孙女陈述，海德格尔晚年也到邻居家看足球比赛直播，因为自己家里没有电视；他自己不开车，但他夫人开车；等等。总之，海德格尔对现代技术的日常态度是有两面性的，思想上也是。

他的基本主张是，对现代技术世界，我们既要说"是"又要说"不"，这就是他所谓的"泰然任之"。这是一种中庸的思想态度，也是一种无法之法。我在一篇文章中把它阐发为"技术命运论"，以为这是一种试图超越技术乐观主义和技术悲观主义的姿态。

是的，海德格尔不时流露出对现代技术文明的不满，比如他有点无奈地说"只还有一个上帝能拯救我们"，类似的说法还有不少。尤其到了晚年，海德格尔的命运感越来越强，他把技术工业文明和技术生活世界的形成视为"存在历史""另一转向"的"天命"。他不否认人类的作用，但他认为，正是人类（近代欧洲人类）高涨的不认命的意欲姿态导致了技术工业的兴起和人类文明的大变局。不认命反而造成一种命。海德格尔的想法是有道理的，不然我们如何理解来自古希腊的形式科学与实验科学的神奇结合导致现代技术工业产生这样一个莫名其妙的过程？我个人一直愿意接受海德格尔的大尺度解释，虽然有一些细部问题未及深究或者语焉不详，但总的说来是一种靠谱的解释。

技术的福与祸，也是两面的，按照海德格尔的说法就是"二重性"。现代技术工业为人类带来了巨大的福祉，比如消灭饥饿、提高生活质量、延长人的寿命，等等，我们必须意识到这些，但同时我们也得认识到，技术工业同样为人类带来了前所未有的巨大风险，甚至可能是灭顶之灾。斯蒂格勒的说法很好，技术既是毒药又是解药。海德格尔呢？他大概不会同意技术是解药，技术无可救药，但正如我前面讲的，他没有简单地、一味地反技术，恐怕没有到你讲的"怀有敌意"的地步。

我总体上倾向于海德格尔，但可能比他更积极些。这可能跟我这些年阅读和研究尼采有关。我认为，在这个后形而上学的、虚无主义的或者说人类世的时代里，尼采所谓"积极的虚无主义"是值得采取的思想姿态和生活姿态。根据我的解释，"积极的虚无主义"就是这样一种豪迈之气——古希腊悲剧中的"英雄精神"：无论世界好还是不好，我们都必须认为它是好的；或者也可以说，生命的终极虚无性不是消极生活的理由，而恰恰是积极生活的根据！

后记

　　本书原为作者所著《人类世的哲学》（商务印书馆，2020年第一版）的第一编"未来哲学"，现单独成书，形成一个专题，主要讨论在我看来对于"未来哲学"主题具有决定性意义的三位大哲，即马克思、尼采和海德格尔。这三位哲学家具有未来定向的哲思业已产生了广泛而持久的影响力，也是促使我重提未来哲学的主要推动力。

　　《人类世的哲学》是根据我在2020年初新冠疫情暴发之前几年里做的十几个有关"未来哲学"或"技术与未来"主题的演讲

选编而成的，全书分四编，依次为"未来哲学""技术统治""新世界经验"和"未来人类"，每编均有三章（实为三篇文章）。看得出来，这四个主题之间具有一定的连贯性和递进关系，但它们依然是相对独立的，故完全可以单独成书；若为专题化之故，似乎更应该分拆开来，做成四本小书。

国人喜欢做大书，但在一些国家的出版市场，比如在德国，一篇小小的文章就可以做成一本书。我已经有一个判断：小书时代到了。纸书的时代已经过去了，如果还要厚着脸皮出书，那就把书做成小书吧。

除了构成本书主体部分的《人类世的哲学》第一编的三篇文章之外，本书还收录了一篇访谈作为附录。这篇访谈是作者于2021年9月21日（中秋节）接受同济大学人文学院副教授张振华博士的采访，原标题为《哲学的未来转向》，载王中江教授主编的《哲学中国》第一辑（中国社会科学出版社，2021年），这次收入本书，改题为《哲学为何是未来的？》似乎也是合适的。

我对正文三篇文章略作修订，但改动处不在多数。为了显示本书主旨，我特意写了一个简短的序言，题为"未来哲学的起源"。如此，一本小书就有样子了。

2023年12月7日记于余杭良渚

2024年5月15日再记

图书在版编目(CIP)数据

未来的启思 / 孙周兴著. -- 上海 ：上海人民出版
社，2024. 10. -- (未来哲学系列). -- ISBN 978-7-208-
19101-3

Ⅰ. G303 - 05

中国国家版本馆 CIP 数据核字第 2024G5V381 号

责任编辑 陈佳妮　陶听蝉
封扉设计 人马艺术设计·储平

本项目受浙江大学教育基金会钟子逸基金资助

未来哲学系列
未来的启思
孙周兴 著

出　　版　上海人民出版社
　　　　　（201101　上海市闵行区号景路 159 弄 C 座）
发　　行　上海人民出版社发行中心
印　　刷　上海盛通时代印刷有限公司
开　　本　787×1092　1/32
印　　张　6
插　　页　5
字　　数　61,000
版　　次　2024 年 10 月第 1 版
印　　次　2024 年 10 月第 1 次印刷
ISBN 978 - 7 - 208 - 19101 - 3/B · 1781
定　　价　40.00 元